油田企业模块化、实战型技能培训系列教材

储气库运行管理
标准化培训教程

丛书主编　陈东升

本书主编　赵泽宗　牛秋彬　王　库

U0264110

中国石化出版社
·北京·

图书在版编目(CIP)数据

储气库运行管理标准化培训教程／陈东升等主编 . —
北京：中国石化出版社，2025.2. ——（油田企业模块化、
实战型技能培训系列教材）. ——ISBN 978 - 7 - 5114 -
7850 - 4

Ⅰ.TE972

中国国家版本馆 CIP 数据核字第 20250Q38U1 号

中国石化出版社出版发行

地址：北京市东城区安定门外大街 58 号
邮编：100011 电话：(010)57512500
发行部电话：(010)57512575
http://www.sinopec-press.com
E-mail:press@sinopec.com
宝蕾元仁浩(天津)印刷有限公司印刷
全国各地新华书店经销
*
787 毫米×1092 毫米 16 开本 9.25 印张 218 千字
2025 年 2 月第 1 版 2025 年 2 月第 1 次印刷
定价:68.00 元

油田企业模块化、实战型技能培训系列教材
编委会

《储气库运行管理标准化培训教程》
编委会

主　　任　　赵泽宗　马玉生

委　　员　　杜远宗　龚险峰　焦玉清　王令群　牛秋彬

　　　　　　滕　峰　侯　磊　李玉文　高　鹰　刘　刚

　　　　　　陈瑞祥　高　强　王振华　孙海燕　于　涛

编写组

主　　编　　赵泽宗　牛秋彬　王　库

副 主 编　　王树森　李宪宾

编写人员　　白　冰　马江飞　克　猛　张　健　乔松涛

　　　　　　凡　俊　陈建强　韩伟利　柴英志　王　磊

　　　　　　李　刚　何　维　李　军　王　晶　严　碧

　　　　　　周　煜　武　涛　庞　军　石艳芳　陈　鹏

　　　　　　张　飞　王敏佳　潘洪梅　王军华　刘佃君

　　　　　　谢艳华　张国普　姜秀丽　杨　柳　邱泽卉

　　　　　　何　冉　史昊天　徐燕平　姚红芳　秦晶晶

　　　　　　赵　慧　曾祥俊　杨　勇　王　强　王峥雅

审核组

主　　审　　杜远宗

审核人员　　孙立辉　刘铁英　徐连军　倪效国

序　言

　　为贯彻落实中原石油勘探局有限公司、中原油田分公司（以下简称中原油田）人才强企战略，通过开展专项技能培训和考核，全面提升员工工作水平，促进一线生产提质增效，由中原油田党委组织部（人力资源部）牵头，按照相关岗位学习导图，分工种编写了系列教材——《油田企业模块化、实战型技能培训系列教材》，本书是其中一本。

　　本书以储气库运行管理的实际需求为导向，结合中原油田多年的实践经验，聚焦储气库运行管理的标准化，全面涵盖了储气库基本概况、生产运行管理、HSE 管理、标准化管理以及综合管理等多个单元。从生产运行组织协调、监督管理到设备完整性管理，从 HSE 管理规定到应急管理，从站场视觉形象标准化到设备设施、基础管理标准化，再到员工管理与经营管理，各个环节紧密相连、层层递进，构建起一个完整且系统的储气库运行管理知识体系。

　　本书内容翔实、层次分明，既注重理论知识的传授，又强调实际操作的指导，力求为读者提供一套全面、实用的培训教材。在储气库生产运行管理中，生产运行组织协调管理的每一个项目，如生产运行指挥、注气管理、采气管理等，都关乎储气库能否高效运行；设备完整性管理中的机械设备、计量设备、自动化仪表设备等各类设备管理项目，更是为储气库稳定运行提供坚实的硬件保障。而 HSE 管理作为重中之重，贯穿于储气库运行的全过程，从站场、人员的 HSE 管理到安全生产监督、直接作业管理等，每一项规定与措施都旨在确保人员安全、环境友好以及生产的可持续性。标准化管理部分则从站场视觉形象到设备设施、基础管理的标准化，为储气库运行提供了统一规范，有助于提高工作效率、降低运营成本。

本书是提升专业技能、增强工作能力的宝贵资源。通过系统学习，员工能够深入理解储气库运行管理的各个环节与标准要求，在实际工作中更好地遵循规范操作，减少失误，提升工作质量。同时，模块化的设计便于员工根据自身岗位需求有针对性地进行学习，实战型的内容则能快速将所学知识应用于实际工作场景，实现学以致用。

当然，本书的编写也是实战型培训教材开发的初步实践，尽管广大编者尽其所能投入编写，也难免存在不妥之处。期望广大读者、培训教师、技术专家及培训工作者多提宝贵意见，以促进教材质量不断提高。

《油田企业模块化、实战型技能培训系列教材》编写委员会

前　言

随着天然气输送技术的快速发展，地下储气库作为季节性调峰的有效手段，已成为天然气长输管道发展的重要辅助设施。在我国，无论是利用含油气构造改扩建为地下储气库，还是建立盐穴储气库，都有明显的优势。为了高质量地满足用户用气需求，加速建立地下储气库已成为必然之势。同时，加强地下储气库的运行管理，搞好安全生产，强化优化运行，确保在任何时间实现能注能采，从时间、气量、压力等各方面满足调峰要求，保证用户平稳用气，是地下储气库运行管理的目标。

鉴于国内还没有一本系统介绍储气库运行管理的书籍，为总结提炼储气库运行管理经验，规范工作流程和管理方法，适应地下储气库无人值守、智能化注采工作实际需要，同时填补国内储气库同类教材的空白，中国石化中原油田分公司组织管理人员，按照国家职业标准和中国石化教材编著标准，在借鉴国内外有关资料的基础上，紧密结合储气库运行实际，编写了《储气库运行管理标准化培训教程》，供从事储气库运行管理人员学习参考。

本书采用现场写实的方式对储气库运行管理中的站场生产运行管理、HSE 管理、员工管理、标准化管理、综合管理等环节进行了详细讲解，并增添了学习导图内容。力求做到取材先进实用，内容密切联系生产实际，叙述重点突出、层次分明、文字简练、通俗易懂，使储气库管理人员既能快速掌握，又能实现管理提升。

在编写过程中，编写组人员查阅、参考了大量资料，同时中原油田分公司储气库管理中心专家也给予了很大的支持和帮助，对此表示衷心感谢！由于编写水平有限，疏漏、错误之处在所难免，恳请广大管理人员提出宝贵意见。

目　　录

单元一　储气库基本概况

1　储气库概述

地下储气库容量大，储气压力高，存储成本低，是当今世界主要的天然气存储设施。天然气地下储气库已经成为天然气输配系统的重要组成部分。目前，我国天然气消费量处于快速增长期，市场需求与供应矛盾不断增加，采用地下储气库储气已经成为国家天然气战略储备、安全平稳供气的重要方式。

截至 2022 年底，国内已建成储气库 34 座，形成东北、华北、西北和西南四大百亿立方米级储气库群，而华北地区是我国天然气使用季节峰谷差最大的区域，建设储气库可以有效缓解巨大的市场需求。

中原油田是中国石化最早建设、运行储气库的企业，中国石化首座储气库就诞生于中原油田，已研究形成了库址筛选、方案优化、高效建设、注采运行等较为成熟的多类型储气库建设技术体系。建成中国石化第一座原始地层压力达 77MPa 的超高压碳酸盐岩裂缝型储气库；建成我国第一座凝析气藏提高采收率协同储气库。目前，中国石化建成投运储气库 7 座、在建 1 座，设计库容 125.64 亿立方米、工作气量 53.5 亿立方米。实现了储气库群气源共享、注采站共享，并充分利用外部管线和联络线实现互连互通。

2　国内外地下储气库的发展

国外最早的天然气地下储气库是美国于 1916 年利用枯竭气田建设的，开创了地下储气建设的先例。目前，美国共建立了 551 座地下储气库，其中 425 座利用了枯竭油气田，83 座利用了含水构造层，39 座利用了含盐岩层，4 座利用了废弃矿井。美国、加拿大、丹麦、德国、法国、苏联和英国等，对利用枯竭油气田建设地下储气库，都已进行了多年的实践，并开展了系统的研究，积累了丰富的经验。由于地下储气库在天然气调峰和保障供气安全方面具有不可替代的作用和明显的优势，因而越来越受到多个国家的重视。相关资料显示，全球 10% 左右的天然气用量由地下储气库供应，西欧国家和俄罗斯这一数值更是分别达到 20% 和 30%。就国际储气库发展趋势而言，欧美国家正在不断加大储气库的建设力度，增大储气量，除了满足常规的调峰应急需要，还开始研究建立天然气的战略储备。美国已经就长输管网地下储气库制定相关的法律，欧洲国家也有为此立法的趋势。

国内随着全国天然气消费规模的持续扩大，储气库建设仍处于黄金发展期。2004—2020 年，我国天然气消费量由 397 亿立方米增至 3237 亿立方米，预计 2025 年达到 4500 亿立方米。

在"碳达峰""碳中和"背景影响下，天然气在我国能源消费结构中所占比例不断扩大，天然气用量不断增加，中国石油、中国石化纷纷大力开展储气库建设项目。2022 年 1 月 29 日，国家发展改革委、国家能源局印发《"十四五"现代能源体系规划》，提出"打造华北、东北、西南、西北等数个百亿立方米级地下储气库群"。到 2025 年，全国布局的储气能力达到 550 亿～600 亿立方米，约占天然气消费量的 13%。"十四五"后三年，根据中国石化建设"大库大站"的部署，结合油田建库资源的实际情况，以凝析气藏、气顶油藏提高采收率与储气调峰协同为主，探索开展在产高含硫气田与储气调峰协同研究，实现储气库建设与油气田开发协同推进，打造形成储采兼顾的一体化储气库群示范区。

3 地下储气库系统构成

天然气地下储气库系统分地面系统和地下系统。

地面系统主要包括压缩站、脱水站、输气干线。此外，还有分离器、地层水处理系统和排放系统、压力调节和计量系统、甲醇注入系统和单井加热炉，以及发电机组和其他辅助设施。

地下系统包括气藏储气层、注采气井、观察井和封堵井。

4 储气库注采工艺

注气时，天然气由气源管线进入注采站，通过旋风分离器、过滤分离器脱除固体杂质和水，随后经超声波流量计计量进入注气压缩机组，增压后的天然气经注气干线输送到丛式井场并通过单井注入地层。

采气时，由地下采出的天然气经站内采气阀组，由空冷器换热后进入旋风分离器和过滤分离器，随后进入吸收塔，经三甘醇溶液吸收满足水露点要求后，由缓冲罐进行分离，最后通过超声波流量计计量并外输到管道系统。

5 储气库的工作周期

储气库的工作分为注气期、采气期及停气平衡期，运行周期根据储气库地质、注采工程方案及用户委托要求确定。由于储气库兼有战略储备、抢修应急、季节调峰等多种组合目标，且为多条长输管道供气，综合考虑北方冬季取暖用气和南方夏季发电用气，每个运行周期内注气期为 210 天，采气期为 120 天，停气平衡期为 35 天。

单元二　储气库生产运行管理

模块一　生产运行组织协调管理

项目一　生产运行指挥

1　项目简介

明确生产运行指挥系统工作职责，优化生产运行，做好运行监控和调度指挥系统管理。

2　管理办法

2.1　生产运行指挥中心的职能

生产运行指挥中心的职能主要包括计划、指挥、组织、协调、监督五个方面。

2.1.1　计划职能

根据天然气生产运行销售计划，合理编制储气库生产运行计划，包括年计划、月计划、周计划、日计划。

2.1.2　指挥职能

在正常生产运行下，值班调度根据运行计划直接执行调整工艺参数和调控运行设备；在非正常生产运行下，根据领导授权和指示，采取口头、书面或其他强制命令性的行政职能手段，对储气库生产过程、生产活动进行最快、最直接、最具体的管理。

2.1.3　组织职能

按照储气库的阶段计划，合理组织储气库各生产力量，形成一个生产运行有机整体，使生产过程具有系统性、整体性和持续性，实现安全平稳注采目标。

2.1.4　协调职能

围绕完成天然气注采任务，确保生产顺利运行，随时掌握上游气源来气压力、检修情况，以及下游用户供气及管网的动态变化，及时沟通、反馈信息，上传下达，发现问题及时调整和处理。

2.1.5　监督职能

对储气库的生产活动进行监督，检查计划任务进度和完成情况，反馈、控制、修正、平衡生产进度，挖掘和发挥一切内外潜力，促进注采生产任务完成。

2.2　站场运行值班人员主要职责

2.2.1　调度指令执行

认真执行生产运行指挥中心下达的调度指令，完成后及时反馈执行情况。

2.2.2 操作原则

负责本站场正常生产运行，配合开展站内检维修工作。严格按照相关操作规程、管理规定和技术标准进行生产作业。

2.2.3 巡回检查制度

认真执行巡回检查制度，按时巡检；掌握生产运行动态，发现问题及时汇报和解决处理。

2.2.4 操作票管理

根据生产运行需要，在启停设备、切换流程时，必须填写操作票，报生产运行指挥中心批准后，按照操作票内容、顺序执行，并妥善保存操作票。

2.2.5 监控分析

认真对本站场设备、工艺运行状态及参数进行监控，及时分析并处理出现的各种生产问题，如有处理不了的问题及时向上级汇报。

2.2.6 信息管理

按要求每天按时汇报生产运行动态及上交报表，做好书面和电子文档的收发工作，保证收件及时转交、处理，并做好日常文件存档工作。

2.3 调度指令

2.3.1 一般调度指令

以口头形式下达，主要用于对计划内的生产运行状况的调整或者组织规模较大的生产活动的生产指令，经公司分管领导同意后由值班调度人员下达。

2.3.2 重要调度指令

以书面形式下发，主要用于对重大事件下达的生产系统的大范围调整或停运以及重新启动的生产指令，经上级部门授权签发后由值班调度人员下达。

2.3.3 紧急调度指令

以口头形式下达。主要用于储气库事故状态或储气库运行受到事故威胁时的指挥，由值班调度员决定。启动应急预案，做好前期运行处置工作；立即向上级汇报，听取上级指示。

2.3.4 调度指令的执行

接到调度指令的站场应按规定时间无条件执行，并及时反馈执行情况。下达和接收生产指令的调度人员应做好记录。

2.3.5 调度指令的反馈与监督

调度指令执行者要按调度指令要求反馈调度指令执行情况，值班调度应及时检查调度指令执行情况，并向公司分管领导汇报。

2.4 调度指挥程序

生产运行指挥中心实行24h连续值班制度，值班调度负责日常的生产指挥，对当班内的生产运行调度工作全权负责。

日常调度指挥工作程序如下：

（1）生产运行指挥管理实行值班调度负责制，各级运行人员严格按照制定的运行方案组织日常生产。在工作中严格贯彻执行有关安全规范、技术标准和操作规程，保证安全生产。

（2）值班调度根据生产运行方案，通过 DCS 系统执行工艺参数操作，并随时对站场生产运行进行监测和控制。

（3）值班调度接到领导或上级调度指令、要求，必须认真做好记录，按规定严格执行，并及时将执行情况进行反馈。若对指示、要求有疑义，可说明原因，决不能无故推诿、拖延。

（4）站场日常生产动态和有关情况由值班人员或值班干部向生产运行指挥中心请示、汇报，生产运行指挥中心值班调度负责协调处理，或向生产运行指挥中心负责人和有关部门汇报、反映，重点工作和主要生产情况须由生产运行指挥中心负责人向主管领导请示、汇报。

（5）储气库站场在操作、维护过程中，若需执行，启停机组，开关阀门，调整运行方式、切换流程，排污、放空等操作，必须先向生产运行指挥中心汇报，经批准后执行，并及时反馈执行情况。

（6）值班调度在处理需要解决而解决不了的问题时，必须及时向生产运行指挥中心负责人请示。生产活动或问题处理完成后，及时向有关部门汇报。

2.5　计划检修状态下的调度指挥程序

（1）储气库各站场如需对储气库相关生产设施、自控等系统进行检修、调试时，需提前将检修计划及检修内容报生产运行指挥中心，由生产运行指挥中心进行分类汇总，统一组织、协调生产。

（2）加强检修的组织管理。计划检修必须依据修必修好的原则按计划严格落实，严格控制临检，合理制订检修停运计划，严格控制停运范围。

（3）生产运行指挥中心值班调度应掌握储气库设施施工、检修、调试等作业情况，各检修单位相互配合和联系，实行统一管理、统一安排，严格控制停运时间；检修单位要有工作计划，优化施工方案，落实工作措施，减少工作时间。

（4）对储气库安全运行有重大影响的施工、检修、试作业，需有详尽的施工方案及预案，报公司主管领导批准后，由生产运行指挥中心备案后实施。

（5）需改变储气库运行方式、工艺流程或影响产量的检修、试验和标定作业应由生产运行指挥中心批准后实施。

（6）调度通信线路的正常停机测试，通信部门应事先通知生产运行指挥中心，须征得同意并保证备用线路畅通，否则不能开展停机测试。

2.6　事故状态下的调度指挥程序

2.6.1　控制参数超限报批程序

（1）在储气库运行过程中，当控制参数无法达到技术标准和操作规程的控制指标要求时，值班人员应立即向生产运行指挥中心汇报并及时采取措施，防止发生事故。

（2）生产运行指挥中心接到控制参数超限报告后，立即启动应急预案，维护安全运行。

（3）在控制参数超限状态期间，应尽快组织专家和生产技术人员进行研究，提出解决方案。

（4）为防止发生事故或减轻事故灾害所采取的控制参数超限作业，必须上报生产运行指挥中心，待批准后实施。

（5）当需要进行紧急事故状态下的控制参数超限作业时，必须上报公司主管领导，待批准后进行。

2.6.2 一般事故调度程序

(1)DCS系统故障调度。当DCS系统发生故障，如站场传输中断、参数无效、站控系统故障等，站场值班人员须详细记录当时情况和有关生产工艺参数(压力、流量等)，并及时向站场负责人和生产运行指挥中心值班调度汇报有关情况。同时，加强对现场主要设备、系统的巡检密度，通过电话每2h或随时向生产运行指挥中心汇报有关生产运行参数和重要设备运行情况，由生产运行指挥中心及时通知有关技术人员协助处理。

(2)计量系统故障调度。当计量系统发生故障，如站场计量数据错误、数据丢失、参数无效等，站场值班人员须详细记录当时情况和有关计量数据(压力、温度、瞬时流量和累计流量等)，并立即向站场负责人和生产运行指挥中心汇报有关情况，生产运行指挥中心及时通知有关技术人员，进行协调处理解决。

(3)工艺设备故障时的调度。当工艺设备发生故障时，要及时进行检查或停机，启用备用设备。对故障设备根据检查出的情况立即安排修理，确保备用设备完好。

2.6.3 紧急事故调度程序

(1)在储气库运行过程中，由于各种原因可能发生突发性设备故障、天然气泄漏等紧急情况和爆炸、火灾等灾害性事故。当出现上述紧急情况或发生灾害性事故时，站控ESD逻辑将自动紧急关断本站场的进、出口阀门，停运压缩机(DCS系统投用和压缩机组投用后)，并对站内管网紧急放空。若自动程序失效，在保证人员安全的前提下，由现场人员完成上述关阀和放空操作；当事故状态无法得到控制时，现场运行人员和维抢修人员须尽快疏散到安全地带。

(2)站场运行人员遇到上述险情后，立即向站场负责人和生产运行指挥中心汇报事故发生的时间、地点、操作者、原因、事故状态及人员伤亡情况。事故情况暂时不清的，按安全管理规定要求的时限，查清后及时补报。

(3)生产运行指挥中心接到报告后，立即启动《储气库事故应急预案》，果断采取措施，控制事故的进一步发生，并及时向公司分管领导汇报、请示，组织开展抢险工作；跟踪抢险过程，收集抢险信息，上传下达；根据领导下达的抢险指挥命令，配合抢险现场人员进行必要的工艺流程切换等操作。

(4)故障修复或事故处理完后恢复正常生产。

(5)站场运行人员和生产运行指挥中心值班调度详细记录事故发生情况、处理过程及结果，整理后向公司主管领导和上级部门汇报。

2.7 考核

2.7.1 生产运行指挥中心值班调度人员的考核

为确保储气库安全平稳、经济高效运行，对生产运行指挥中心值班调度人员实行考核上岗制，考核分理论知识和实际(模拟)操作两部分，考核合格后方可上岗。

2.7.2 站场管理考核

管理考核采用日常工作考核与年度现场检查考核相结合的方式进行。日常工作考核由生产运行指挥中心值班调度执行。年度现场检查考核由公司组织，生产运行指挥中心值班调度人员参加。

项目二 注气管理

1 项目简介

为切实加强地下储气库注气期间的平稳生产运行，对注气前的准备、注气生产运行、巡检、停注等进行了规范。

2 管理规定

2.1 注气前的准备

(1)检查保养注气压缩机组，使机组处于完好备用状态。

(2)检查清理过滤分离器、生产分离器、洗涤罐、除油器、过滤网。

(3)吹扫压缩机组空冷器。

(4)确认已完成可燃气体报警系统、火焰报警系统检测。机组及注气流程的安全阀、压力表、温度变送器及压力变送器校验合格。

(5)关闭注气系统与采气系统连通的阀门。

(6)记录每口井的油压、套压、地层压力、各注采井井下安全阀控制压力、地面安全阀控制压力。

(7)在注气开始前，要对注气系统所有阀门进行检查和保养。

2.2 注气生产运行

(1)生产运行指挥中心接到上级开机注气指令后，通知站场将工艺流程改为注气流程。

(2)站场接到开机注气指令后，记录气源来气压力。

(3)注气系统投运遵循先开井后开机的原则，按照操作规程投运辅助系统，倒通机组进气、注气出站等相关流程。

(4)井场操作人员接到站场中控室下达的开井指令后，倒通注气流程。按照指令进行开井。操作完毕后及时向站场中控室汇报执行情况。

(5)压缩机组操作人员接到站场中控室的开机注气指令后，按照《注气压缩机操作规程》进行开机。压缩机组操作人员及时将操作情况向站场中控室汇报。

(6)注采站值班人员要及时调整运行参数和运行工况，优化机组运行，提高运行时率和效率。要及时处理机组运行中出现的问题，并向生产运行指挥中心汇报。

2.3 巡检

2.3.1 站内设备巡检

值班人员要监控和分析站控上位机画面上参数的变化情况，每2h对站内设备进行一次现场巡检，停运的装置或设备每班巡检一次。

(1)检查机组和辅助设备运行是否正常。

(2)检查处理存在的跑、冒、滴、漏情况。

(3)记录机组运行参数，填写巡检记录和设备运行记录。

(4)检查机组润滑油、冷却水的液位。

(5)检查注气运行的分离器液位，发现液位升高时及时排放。

(6)检查空压机的运行情况。

2.3.2 井场巡检

(1)井场人员每天对所属注采井巡检2次，每4h记录一次各井的油压、套压、温度、井下安全阀压力、地面安全阀压力。

(2)每天对所属各封堵井巡检一次。

(3)处理存在的跑、冒、滴、漏情况。

(4)检查所有设备的完好情况。

(5)按照规程对设备进行保养维护和检测。

2.4 停注

(1)生产运行指挥中心接到上级停注指令后,通知站场执行停注指令。

(2)站场按照先停机后关井的原则组织开展停注,按照《采气开关井操作规程》关闭注采井,并停运辅助装置和设备。操作完毕后对流程进行确认。

(3)做好注气设备冬季保温工作,防止冻坏设备。

(4)停运压缩机组按《装备管理规定》执行。

2.5 维护保养

(1)压缩机组维护保养按照相应压缩机组保养手册执行。

(2)注气开始前,在设备管线外表刷漆防腐,保养压缩机组。

(3)注气开始前,对注气分离区进行清理、除尘,并对压缩机组空冷器进行吹扫。

(4)注气开始前,对温度表、压力表、安全阀进行及时校验。

(5)在雨季来临前,检查设备的防雷接地装置是否完好,防雷接地装置电阻控制在4Ω以下。

2.6 注意事项

(1)注气期间所有紧急切断阀和紧急放空阀必须处于工作状态。

(2)当出现紧急情况时,按照本站场应急预案执行。

项目三 采气管理

1 项目简介

为切实加强地下储气库采气期间的平稳生产运行,对采气前的准备、采气生产运行、停采等进行了规范。

2 管理规定

2.1 采气前的准备

(1)对脱水、脱烃装置和辅助装置及设备进行检查和保养,所有设备均处于完好备用状态。

(2)提前做好管线和设备的保温工作,各分离器、缓冲罐排污装置必须加装保温层。

(3)确定对脱水、脱烃装置和辅助系统的安全阀、压力表、温度变送器、压力变送器完成校验。

(4)储备足够量的甲醇、丙烷、三甘醇等生产物料。

(5)关闭注气系统与采输系统连通的阀门。

(6)记录每口井的油压、套压、地层压力,以及各注采井井下安全阀控制压力、地面安全阀控制压力。

2.2 采气生产运行

(1)生产运行指挥中心接到上级采气指令后,通知站场将工艺流程改为采气流程。

(2)值班人员按照外输天然气的水露点($\leqslant -15℃$)和烃露点($\leqslant -10℃$)要求,按操作规程投运调整辅助系统,倒通采气进、出站流程和燃料气流程。

(3)值班人员接到站场中控室下达的开井指令后,并在注入甲醇后倒通井口采气流程。按照《采气开关井操作规程》进行开井,操作完毕后及时向站场中控室汇报指令执行情况。

(4)值班人员应实时监控站控上位机画面上各参数的变化情况,每2h对站内设备进行一次现场巡检,对停运的装置和设备每班巡检一次。

①检查脱水装置和设备运行情况。

②检查辅助装置和设备运行情况。

③检查处理存在的跑、冒、滴、漏情况。

④检查各容器的现场液位计。

⑤记录运行参数,填写巡检记录和设备运行记录。

(5)值班人员每2h巡检井场一次,每4h记录一次相关参数。

①记录各井的油压、套压、温度、井下安全阀压力、地面安全阀压力。

②检查处理存在的跑、冒、滴、漏情况。

③检查所有设备的完好情况。

(6)采气期间所有紧急切断阀和紧急放空阀必须处于工作状态。

(7)当出现紧急情况时,按照站场应急预案执行。

2.3 停采

(1)生产运行指挥中心接到上级停采指令后,通知站场执行停采指令。

(2)站场按照先关井后停脱水、脱烃装置的原则组织开展停采。按照操作规程关闭注采井,停运脱水、脱烃装置和辅助装置,操作完毕后对流程进行确认。

(3)停产后,站场应及时对凝析液外输管线进行扫线,防止管线发生冻堵。

(4)为防止管线设备内发生积液冻堵,要对低部位管线进行排污。当环境温度较低时,为采气系统所有排污管线、阀门加装保温材料。

(5)装置停运后,按维护保养规程做好设备的停运维护与保养。

2.4 维护保养

(1)采气结束后,在设备管线外表刷漆防腐。

(2)采气结束后,应及时校验温度表、压力表、安全阀。

(3)采气结束后,应检查管线、设备是否有沉降。

(4)在雨季来临前,应检查设备的防雷接地装置是否完好,防雷接地装置的电阻控制在4Ω以下。

模块二　生产运行监督管理

项目一　资料录取管理

1　项目简介

常规资料是指基层注采单位录取的基础资料，包括压力资料、温度资料、流体性质资料和其他有关资料。

2　常规资料录取和监测

2.1　压力资料录取

压力资料录取包括：井口油压、套压录取；气井井底静止压力及梯度、流动压力及梯度录取。

2.1.1　井口压力录取

每日监测井口油压、套压，并记录一次油压、套压。开、关井前，应录取油压、套压。

2.1.2　压缩机压力监测

即时监测注采站压缩机一级进气压力、二级排气压力、最终排气压力，要求每2h记录一次。

2.1.3　井底压力监测

每3个月至少录取一次井底流动压力(含井筒流动压力梯度)，每半年录取一次井底静止压力(关井一个月后做静止压力测试)，特殊情况下可加密监测。

2.2　温度资料录取

温度资料录取包括管汇温度、压缩机温度及地层温度资料的录取。

2.2.1　管汇温度监测

管网来气注气汇管温度、单井注气温度，在注气情况下要求每2h记录一次，停注时每班录取一次。

2.2.2　压缩机温度监测

压缩机润滑油温度、冷却液进出口温度、工艺气进气温度、排气温度、轴承温度，每2h记录一次。

2.2.3　地层温度监测

地层温度及井筒温度梯度录取，原则上和井底压力录取同步进行。

2.3　常规流体监测

(1)采气期选择有代表性的注采井取天然气样、凝析油样和水样全分析一次，特殊情况(流体量或性质突变)下可加密监测。

(2)注气期每天监测一次水露点，每月取天然气样全分析一次。

项目二　工艺变更管理

1　项目简介

为有计划地管控工艺和设备永久性或暂时性的变化，消减因变更带来的有害影响及风险，确保安全生产。

2 术语和定义

2.1 一般变更

指变更过程较为简单、影响较小，不造成任何工艺参数、设计参数等的改变，但又不是同类替换的变更，即"在现有设计范围内的改变"。按照《危害因素辨识评价与风险管理程序》《环境保护管理程序》中的风险评价方法，评价为低风险的变更。

2.2 重大变更

指变更过程复杂，涉及工艺技术的改变、设施功能的变化、工艺参数的改变（如压力等级的改变、压力报警值的设定等），即"超出现有设计范围的变更"。按照《危害因素辨识评价与风险管理程序》《环境保护管理程序》中的风险评价方法，评价为中高度风险的变更。

2.3 紧急变更

指在紧急情况下，正常的变更流程方式无法执行时的变更，如在夜间、周末、节假日和一些不寻常的情况下，需要在48h内实施的工艺或设备变更。

2.4 永久变更

指对资产所做的长期变更，该变更将会改变相关流程、技术参数或操作程序，是不可恢复或未计划恢复的变更。

2.5 临时变更

指变更后会恢复至变更前状态的变更，变更的期限不超过3个月。

3 管理内容及程序

3.1 变更申请

当注采工艺和设备设施发生变化时，变更申请人根据变更影响因素、范围，开展变更实施过程、变更后危害因素辨识及风险评价，做好实施变更前的各项准备工作，按照变更类型和级别在变更实施前提出变更申请。

3.2 变更分类

（1）工艺变更。是指站场适应性改造的投产；输送介质的改变；工艺流程的改变；工艺参数的改变（如温度、流量、压力等）；生产能力的改变；所有超出设计范围和批准的工艺参数及操作条件的改变；所有可能影响设备设施组成、排管或构件的支撑和影响结构荷载的改变；工艺系统或公用设施中新化学品/物质的引入。

（2）设备设施变更。是指管道线路的新增、改线、封存及拆除；更换与原设备材质、结构、型号、处理能力不同的设备和配件；设备设施或系统功能发生改变；站场设备的新增、改造、停用、封存及拆除；成套设备的设计更改及安装；仪表控制系统及逻辑的改变、联锁保护系统及逻辑的改变，安全报警设定值的改变；计算机软件的变化；资产冗余（闲置、封存、报废、拆除）；非标准的（或临时性的）维修；安全装置的改变；电气系统外电线路路由、供电方式、保护程序的改变；新增、移除、修改泄压装置（如压力安全阀、防爆膜、真空断路器等）；设备操作维护规程、规范的重大调整；装置布局的改变。

3.3 变更分级

变更申请人根据变更实施过程、变更后危害因素辨识及风险评价，初步确认变更级别。变更级别包括重大变更、一般变更、紧急变更。

(1)重大变更。对承受压力且接触危险性化学品的部件设计及材料类型的变更；在操作方法、设计或配置硬件和软件、控制回路、报警系统等方面的变更；针对供电电路或电源的操作方法、设计、配置方面的变更；对原操作标准之外的操作方法及工艺参数的变更；对工艺系统中关键设备及承受较大压力且介质为高危险性的设备的变更；涉及较大范围的变更，如所属单位两座及以上站场均需要开展的变更；原材料的变更以及其他需专门评价机构进行评价的变更。

(2)一般变更。除重大变更以外的变更。

(3)紧急变更。紧急情况下，无法按正常变更流程执行的变更。

3.4　变更申请填报

(1)基层站场负责本站场工艺和设备变更申请的提出，生产运行指挥中心组织人员对变更级别进行预评估，填写"工艺设备变更申请审批表"。

(2)紧急变更时，变更申请站场须填写"紧急变更处理单"。

项目三　能量管理

1　项目简介

防止储气库生产过程中能量(主要包括电能、机械能、化学能、热力、潜在的或储存的能量等)的意外释放对人员、设备及环境带来危害，确保各种能量都得到有效隔离和控制。

2　术语和定义

(1)锁定。是指为了防止误操作导致的能量(电能、天然气等)意外泄漏、释放，对可能产生危险的设备进行锁定以保护作业人员人身安全和设备安全，对生产厂区预留部位及作业过程中的电气开关、阀门及有关设备进行锁定。

(2)作业锁。是指在进行检修作业时，为了防止误操作导致系统、设备损坏而对有关设备由站场作业人员进行锁定所用的锁具等。

(3)固定锁。是指为了避免误操作导致能量(电能、天然气等)进入预留部位，造成人身伤亡或设备损坏，由站场作业人员对电气系统和工艺系统中预留部位、盲头处进行锁定所用的锁具等。

(4)挂牌。是指对锁定部位贴挂醒目的警示牌，禁止员工开关操作，提醒员工注意安全、做好相关个人防护措施等。

3　管理内容

3.1　锁定原则

3.1.1　工艺系统、设备锁定原则

为了防止工艺系统意外开启给作业人员带来危险，应对工艺介质(包括天然气、残液、仪表风、氮气等)来源进行机械锁定，保证在不解锁状态下设备无法自动或人为误开启。

3.1.2　电气系统、设备锁定原则

为了防止与电气相关的各种设备、系统意外启动给作业人员带来危险，应对电能来源部位进行锁定，保证在不解锁状态下设备无法自动或人为误开启。

3.2　锁定判定

3.2.1　作业锁定判定

在检修作业前对作业过程可能造成意外伤害的危险源进行风险分析和危害识别，确定可能产生危险源及需要锁定的部位，并在作业方案中明确具体锁定方案。危险源包括转动设备、高压液体、易燃液体、高压气体、易燃气体和电气等。

3.2.2　固定锁定判定

对生产区预留部位和天然气管道盲段进行风险分析和危害识别，确定可能产生危险源及需要锁定的部位，并在生产运行全过程中确保这些部位处于锁定状态。危险源包括高压液体、易燃液体、高压气体、易燃气体和电气等。

3.3　作业锁、固定锁管理

（1）储气库各站场应配备作业锁、固定锁及主备用钥匙、挂牌和挂锁板。作业锁及钥匙、挂牌应挂在挂锁板上，挂锁板应设置在注采站站控室室内，固定锁锁于需要锁定的设备上。备用钥匙由注采站站长保管。

（2）作业锁、固定锁的规格型号应一致，只能用于锁定，不能用于其他用途。主备用钥匙要对应编号，并标明"主用""备用"。

（3）作业锁、固定锁由站场值班人员保管、检查和维护保养，并作为交接班内容之一。

（4）每把作业锁、固定锁的主用钥匙应唯一，不许复配。

（5）作业锁、固定锁及主用钥匙只能发放给作业人员使用。

（6）固定锁的主用钥匙只能放在挂锁板上。若要使用时，由注采站站长向生产运行指挥中心负责人申请，写明开锁原因、开锁后流程和固定锁编号等，由生产运行指挥中心负责人审批后使用。

（7）作业结束后，作业锁、固定锁、钥匙和挂牌应一并交还给值班员工。

3.4　锁定及解锁程序

（1）对注采站站场（丛式井场）和阀室工艺、电气等系统进行风险分析和危害识别，在生产运行方案及检修施工方案中写明锁定或解锁原因，明确锁定或解锁位置和步骤。

（2）锁定步骤。作业人员按照施工方案及生产运行方案关闭正在运行的设备，通过操作开关阀门或其他能源隔绝设备将设备与能源隔离开；随后在注采站站长的监督下，将锁定部位进行锁定、挂牌；锁定后，作业人员按照施工方案开始作业；在值班记录中进行记录。

（3）解锁步骤。作业人员将隔离设备（如开关阀门）恢复到原来的操作状况，并将作业锁或固定锁、钥匙及挂牌交给值班员工，由值班员工将作业锁、钥匙和挂牌放置于挂锁板上，并在值班记录中进行记录。

3.5　工艺系统、设备检修的锁定要求

（1）工艺管线系统放空后检修作业时，应对与检修管线直接连接的上、下游带压的阀门分别进行锁定。

（2）工艺设备放空后检修作业时，应对与检修设备直接连接的上、下游带压的阀门分别进行锁定。

（3）放空、排污系统检修作业时，应对与作业管段直接连接的上、下游带压的放空、排污球阀分别进行锁定，没有球阀时对放空、排污阀进行锁定。

（4）需对长时间不用的预留注氮口根部阀、预留压缩机进出口阀门、预留支路进出口阀门等进行锁定。

（5）当需要锁定的阀门是电动阀门时，可根据实际情况采用电气截断锁定；当需要锁定的阀门是气液联动机构或气动执行机构阀门时，可根据实际情况采用动力气路放空截断对其进行锁定。

3.6 电气系统锁定要求

（1）对于正在运行和备用的一次电气设备，需对其进行挂牌锁定。

（2）变压器需要检修时，应对变压器的进线和出线断路器（或隔离刀闸）进行断开并挂牌锁定。

（3）断路器（或电力电缆）检修时：①双回路供电，根据实际情况，对被检修断路器（或电力电缆）的进线上游断路器和出线下游断路器进行断开并挂牌锁定。②单回路供电，对被检修断路器（或电力电缆）的进线上游断路器进行断开并挂牌锁定。

（4）具有远程控制功能的用电设备，不能仅依靠现场的启动按钮来测试确认电源是否断开，远程控制端必须置于"就地"或"断开"并挂牌。上锁挂牌后，应通过试验或检测确认电气连接已被隔离或断开。

（5）在特殊情况下，如特殊尺寸的电源开关断电后无法上锁锁定时，经确认并经书面批准后，可以只挂牌锁定，不用上锁，但应采用其他辅助手段，达到与上锁锁定相当的要求。

（6）站场变电所等高压设备"五防"中除防止误分、误合断路器可采用挂牌锁定，其他"四防"尽量保证电气回路闭锁锁定，还必须保证强制性的机械联锁锁定，特别是在电气"五防"闭锁的电源失效时。

（7）手车式断路器在试验位置或工作位置合闸后，确保机械联锁锁定成功，使手车不能推进（从试验位置到工作位置）或拉出（从工作位置到试验位置）。

（8）接地开关处于合闸状态时，确保机械联锁锁定成功，使断路器手车不能推进（从试验位置到工作位置）。

（9）对站场变电所等高压设备"五防锁"的锁定功能进行定期检查，首先检查微机、保护屏、电脑钥匙、电编码锁等是否工作正常，再检查开关柜、配电柜接地刀闸、配电柜隔离开关的微机锁具（电编码锁和机械编码锁）能否实现闭锁。

项目四　泄漏管理

1 项目简介

本规定明确了泄漏定义及分级、泄漏风险管理、源头控制、泄漏检测、应急处置、泄漏事件（事故）管理、监督检查与考核的要求。全面加强泄漏管控与治理，从源头上预防和控制泄漏和因泄漏导致的火灾、爆炸、人员伤亡、环境污染等生产安全事件。

2 管理部门及职责

（1）储气库生产运行指挥中心是泄漏的主管部门，负责相关制度的制定、信息接收、报送和统计分析、应急预案演练、应急处置组织，牵头组织泄漏引起的生产异常事件的调查。全面负责储气库工艺管线、生产装置、动静设备等泄漏以及现场各类生产介质装卸、运输、使用过程中的泄漏管理工作。

(2)安全环保室负责泄漏的考核管理，将泄漏作为安全管理绩效考核内容进行考核，并牵头组织出现人员伤亡的泄漏事故调查。

(3)生产运行指挥中心参与泄漏事件(事故)的调查，负责制定预防管控措施。

3 管理内容及要求

3.1 泄漏定义及分级

(1)泄漏主要包括逸散性泄漏和突发性泄漏两种。逸散性泄漏主要是易挥发物料从装置的阀门、法兰、机泵、人孔、压力管道焊接处等密闭系统密封处发生非预期或隐蔽泄漏。突发性泄漏主要是设备设施失效或施工、操作不当导致物料非计划、不受控制地以泼溅、喷涌、溢出等形式从储罐、管道、容器、槽车及其他用于转移物料的设施进入周围空间。

(2)突发性泄漏实行分级管理，分 T1 级、T2 级。

(3)各站场要将泄漏和内漏管理纳入班组日常巡回检查，并作为交接班记录的内容之一。

3.2 泄漏风险管理

(1)生产运行指挥中心对可能泄漏部位进行风险识别，采取相应的风险评价方法确定泄漏风险等级；对要害部位的泄漏应当进行风险分析，形成泄漏介质的流向(扩散)图和泄漏后的影响图，采取相应的预警和预防措施，报业务主管部门审查、备案。

(2)生产运行指挥中心应组织各站场建立本站的《密封点台账》和《泄漏点台账》，及时更新泄漏数据库，对泄漏进行统计分析，开展预防泄漏管理工作。

(3)生产运行指挥中心对泄漏点实行分级(色)挂牌管理，形成检测、处置、验收、消项闭环管理。

(4)对于边生产边施工的作业，作业前生产运行指挥中心应组织属地站场结合现场情况，编制硫化氢泄漏处置方案。

3.3 源头控制

在项目设计、建设阶段，生产运行指挥中心应当全面识别和评估泄漏风险，从源头采取措施控制泄漏危害，应当选用先进的工艺路线，减少密封点，优化设备选型，严格施工，保证质量，减少泄漏。

3.4 泄漏检测

(1)生产运行指挥中心应组织各站场开展泄漏检测与修复，减少、消除逸散性泄漏。

(2)各站场应当采用人工巡检观察和技术手段相结合等多种方法进行日常排查，特别要加强内、外部温度变化时的检查，早发现、早处理，防止事态扩大。

(3)生产运行指挥中心应当加强可燃和有毒气体泄漏检测报警系统管理，确保报警系统准确、完好。报警系统应当具有声光报警、报警远传及室内报警显示功能并独立设置，不受生产控制仪表系统故障的影响。

(4)生产运行指挥中心应当利用视频监控系统，对可能发生泄漏的部位和区域进行监控，对识别出的易泄漏点和高风险泄漏点必须加强监控，确保泄漏能够及时被发现。

(5)火灾自动报警系统、可燃和有毒气体检测报警系统、易泄漏和高风险泄漏点视频监控的信号应当与中控室连接，出现泄漏时，站场中控室应能及时发现，并及时把相关信息通报给生产运行指挥中心及安全环保室。

（6）生产运行指挥中心要建立腐蚀管理机制，对于易受冲刷或腐蚀减薄的部位，应当列为巡检的必查点，应当根据泄漏风险程度进行相应定期定点测厚，对比分析测厚数据，出现异常及时处理。

（7）生产运行指挥中心要制定本站场的验漏制度，明确日常验漏检查频次，发现问题及时处理，并建立台账。

3.5 泄漏信息报送

（1）发生泄漏时，事发站场应在第一时间进行判断和分析，确认泄漏部位（区域）、介质和泄漏量，并采取措施，逐级上报。

（2）发生 T1 级、T2 级泄漏时，各站场应向生产运行指挥中心报告，事件影响范围较大时分别向上级应急办公室和属地应急管理局通报相关事件信息，并及时启动企地联动应急预案。

（3）生产运行指挥中心负责全过程跟踪泄漏处置，做好信息的收集、记录；及时汇报相关领导，并通知业务主管部门到现场协调处理。

（4）业务主管部门接到信息后，按照职责分工，协调做好泄漏的现场处置，及时对泄漏产生的原因进行分析，制定预防措施。

（5）事发站场做好现场警戒，控制事件（事故）范围，必要时疏散周边群众。

3.6 泄漏处置

（1）岗位员工应当掌握泄漏辨识和预防处置方法及个体防护知识，定期进行岗位应急处置训练，具备及时处置初期泄漏能力。

（2）生产运行指挥中心加强应急物资及维保队伍管理，针对不同的泄漏形式和设备，配备管卡、防渗等必要的应急物资和堵漏器具。

（3）对突发泄漏应立即采取防范控制措施，设置警戒区、处置泄漏点，收集处理泄漏物料，防止事态扩大，必要时立即停车处理。

（4）生产运行指挥中心对于不能及时消除的泄漏应当进行风险评估，采取针对性的防范措施，加强巡检，严格监控运行，并列为隐患进行限期整改。

（5）生产运行指挥中心应当严格遵守各项安全管理规定，做好检测、警戒、疏散和安全监护等相关工作。

（6）安全环保室应组织应急救援中心负责环境监测、灾害控制、冷却防爆、隔离、稀释、搜救等相关工作。

3.7 泄漏事件（事故）管理

（1）T1 级泄漏，应当按照生产安全事件（事故）进行统计分析。按照生产安全事故进行管理，及时报告、处置，分析产生泄漏的原因，制定针对性的防范措施，避免泄漏事故重复发生。

（2）T2 级泄漏，且未造成人员伤亡或重大社会影响的，不纳入生产安全事故进行管理。

（3）泄漏的介质危险性大或泄漏区域高度敏感的 T2 级泄漏按 T1 级泄漏处理。

4 监督检查与考核

4.1 考核指标

（1）年度不发生 T1 级泄漏。

（2）T2 级泄漏事件：≤8 次/年。

（3）逸散性泄漏事件：≤50 次/年。

4.2 考核要求

（1）生产运行指挥中心应组织各站场每季度依据业务职责分工对泄漏管理情况进行检查、考核，将考核结果报生产运行指挥中心。

（2）生产运行指挥中心对泄漏安全管理制度的执行情况进行监督；安全环保室负责将考核结果纳入公司季度 HSE 与质量节能检查考核。

项目五　生产异常管理

1　项目简介

进一步规范储气库在生产建设和生产运行过程中，发生影响注采气、生产保障、工程项目运行进度等异常情况的报告、处置、调查、分析、考核和责任追究等工作，充分体现"管业务必须管异常""谁主管谁负责"的生产异常处置与分析原则。

2　分类分级

2.1　生产异常按级别分三级

分为重大级异常、较大级异常和一般级异常。

2.2　生产异常按类型分九类

分为设计异常、工艺异常、设备设施异常、石油工程异常、工程建设异常、生产保障异常、供电运行异常、外部影响异常和其他生产异常。

（1）设计异常是指装置、工艺安装、试运（投运）调试期间，以及实际生产运行期间，发现因设计缺陷导致存在生产安全隐患。

（2）工艺异常是指集输干线因流量、压力、温度等异常波动，进行停运处置，集输干线长输管道、注采站等非计划停运、停产；各种突发性油、气管道非危害性泄漏；生产操作不当导致各类联锁动作、爆破片起爆、安全阀起跳、火炬系统生产异常排放等。

（3）设备设施异常是指储气库与生产相关压缩机、空压机等关键设备非计划停机；电气仪表、机泵、消防、通信等设备故障停运或异常报警。

（4）石油工程异常是指钻井、测井、录井、固井、试油（气）、修井作业过程中发生遇卡、落物、溢流、井涌、井漏等异常变化，处置时间大于油田规定时间。

（5）工程建设异常是指施工进度较节点运行计划滞后，或因工程质量、机械设备、仪器仪表、阀室阀门组件配件等问题，与节点计划对比，影响施工进度，且存在生产安全隐患等。

（6）生产保障异常是指落实相关工作或会议要求不力，导致工作滞后，影响工期、质量或造成产量、设备异常等，被油田或公司通报批评的事件。

（7）供电运行异常是指因地方或油田电网中断引起主要耗电设备停机；因内部电网维护不到位，引起主要耗电设备停机；因信息报送错误导致供电检修时间超时限，造成长时间主要耗电设备停机。

（8）外部影响异常是指"两特两重"期间，冰雪雨冻、雾霾极端异常天气和洪汛内涝等，或地方部门要求企业限电、限产、停工、限行、设备改造、疫情管控和特殊管制等。

(9)其他生产异常是指生产过程中发生的尚未构成事故、事件的各类险兆等。

3　管理职责

(1)生产运行指挥中心是生产异常综合管理部门,负责各类生产异常信息的接报、记录、登记存档,分类研判,向业务主管部门出具调查通知单,督促开展异常处置与调查分析工作;负责较大级、重大级异常的调查及上报,并提出考核及责任追究意见。

(2)安全环保室负责组织开展安全、节能、环保、消防等业务范围内生产异常的响应、处置和调查分析工作,编制生产异常调查报告。

(3)生产运行指挥中心技术管理室负责井控、工程项目、集输技术等业务范围内的较大级生产异常响应、处置和调查分析工作,编制较大级、重大级生产异常调查报告。

(4)基层站场是异常管理的责任主体,全面负责本站场生产异常管理工作。负责建立生产异常管理台账,及时处理、上报异常事件及突发性事件,对生产异常进行溯源分析,编制较大级生产异常调查报告,配合公司业务部门编写重大级生产异常调查报告。

4　生产异常报告与处置

(1)一般级异常由基层站场组织人员开展异常处置,恢复正常生产后,要及时编制生产异常调查报告(主要内容:异常经过、处置情况、原因分析、责任界定、预防措施等),并上报至生产运行指挥中心。

(2)发生较大级及以上生产异常时,事发站场必须在30min内向生产运行指挥中心汇报,2h内报送书面快报。

(3)生产运行指挥中心接到异常报告后,根据事件影响范围及动态,及时研判,通知公司业务主管部门组织相关部门(单位)和专家进行指导处置;事态进一步发展的,启动相应的生产安全应急预案。

(4)对于已有操作规程或处置方案的异常情况,有关人员要立即按规程(方案)进行处置。对于没有规程或处置方案的异常情况,现场人员在采取应急措施的同时要按程序上报生产运行指挥中心,由生产运行指挥中心将异常情况通报各主管部门。

(5)生产异常处置过程中,要根据风险评估结果,配备适当的个体防护用品,持续进行周围环境监测,确保人身安全。

(6)生产异常处置过程中要进行动态风险研判,预判可能出现的新的生产异常或影响扩大,并制定相应处置措施。

(7)生产异常提级管理。出现以下情况,生产异常要提级管理。

①对迟报、漏报、瞒报,导致生产异常升级,造成经济损失加大的。

②接到异常报告后,未及时处理或未履行管理职责,导致事态扩大,或次生其他异常的。

③节假日及"两特两重"期间,生产异常实行提级管理。

5　生产异常调查

(1)在对较大级及以上生产异常进行处置的同时,按照生产异常类别,由生产运行指挥中心向公司业务主管部门出具生产异常调查通知单。生产运行指挥中心牵头组织业务主管部门及相关部门(单位)同步开展生产异常调查工作。

(2)相关业务主管部门要在1周内出具较大级及以上生产异常调查报告(主要内容:异

常经过、处置情况、原因分析、责任界定、预防措施等）；核定生产异常造成的经济损失、负面影响，认定责任单位并提出处理建议；督促责任单位总结经验，吸取教训，督导改进，并及时提交生产异常调查报告。

（3）生产运行指挥中心负责将较大级及以上生产异常调查报告、考核与责任追究意见报送公司领导审核，并将重大级生产异常调查报告报上级生产运行管理部。

6　监督考核

（1）生产运行指挥中心负责一般生产异常和较大生产异常的监督考核工作。考核结果报公司主管领导审批。

（2）生产异常监督考核采用百分制，主要监督考核对象为储气库所属站场，各站场每季度基础分为 100 分。

（3）考核依据相应的生产异常检查评分标准进行，总扣分为各类检查扣分的累计。

（4）各类安全检查涉及异常管理内容的，检查结果纳入考核范畴。A 类为集团公司组织的各类安全检查；B 类为油田组织的上半年、下半年 HSE 检查；C 类为公司组织的月度、季度检查和其他检查。

（5）扣分原则：对 A 类、B 类检查中发现的问题，分别为扣分标准的 2 倍和 1.5 倍，对 C 类检查中发现问题的扣分执行评分标准不变。

（6）生产运行指挥中心负责汇总异常积分考核结果，并纳入公司 HSE 检查与考核。

（7）按照异常上报及时、处理组织到位、原因分析清楚、防范措施针对性强、有效避免重大损失等标准，每季度由公司业务主管部门评选生产异常处置管理奖，并按相关标准予以奖励。

7　责任追究

（1）按照"尽职免责"的原则，对生产异常开展调查分析及责任追究。

（2）对迟报、漏报、瞒报较大级及以上生产异常，要求事发站场负责人做书面检查，对业务分管副职给予通报批评。

（3）发生较大级及以上生产异常后，未及时处理或未履行管理职责，导致事态扩大，或次生其他生产异常的，进行如下追责。

①造成经济损失 5 万～10 万元，对事发站场负责人予以提醒谈话，业务分管副职做书面检查；公司分管领导对负有责任的业务主管部门予以提醒谈话。

②造成经济损失 10 万元以上，责令事发站场负责人做书面检查，对业务分管副职给予通报批评；公司分管领导对负有责任的业务主管部门予以提醒谈话，业务主管部门负责人做书面检查。

③对基层站场直接责任者予以警告，对主要责任者予以通报批评。

项目六　岗位交接班管理

1　项目简介

岗位交接班管理是严格落实交接班管理制度，将完成任务情况、设备运行情况、环境卫生情况、工具（用具）仪表及材料消耗情况、安全生产运行情况、异常处置及预防情况、上级布置工作及需要注意的事项等作为交接班的主要内容，明确交接班双方责任和权利，避免推诿、扯皮现象，保证站场生产安全稳定运行的一项重点工作。

2　管理内容

2.1　交接班前检查

交接班的岗位人员应在交接班前，对设备的运行情况做一次认真全面的检查和调整，必须具备下列条件方能交班。

(1)设备运行的参数(温度、压力、转速、振动等)都在正常范围之内。

(2)各安全附件、仪表灵敏可靠。

(3)工作现场保持整洁，工具配件存放在指定地点。

(4)各种记录录入(填写)正确、清楚、无遗漏。

2.2　管理规定

(1)交班人员应在生产班组 HSE 工作记录上填写本班的运行情况，以及发现的问题和注意事项。

(2)接班人员应按规定的时间到达本岗位，做好接班准备工作，接班人员必须认真查阅交班记录，听取交班情况介绍。

(3)交接内容严格执行"十交""五不接"交接班制度。"十交"是指交任务、交操作、交指标、交质量、交设备、交安全环保和卫生、交问题、交经验、交工具和交记录。"五不接"是指设备不好不接、工具不全不接、操作情况不明不接、记录不全不接和卫生不好不接。

项目七　巡回检查管理

1　项目简介

巡回检查作为企业安全生产的一项重要工作，在保证设备运行的完整性、及时发现事故隐患方面发挥着举足轻重的作用。通过巡回检查掌握生产过程中各风险点源及重要部位设备运行状态，取全取准生产资料，分析、判断生产情况，处理现场安全隐患，保障站场安全生产。

2　管理内容

2.1　巡回检查要求

岗位值班人员每 2h 对生产工艺装置流程巡回检查一次。

2.2　巡回检查内容

巡回检查人员应按巡回检查路线进行检查；做到"应该看到的要看到、应该听到的要听到、应该用可燃气体检测的要检测到、应该用手摸到的要摸到"，依据工艺技术参数要求进行逐点检查并具备以下条件：

(1)各设备的运行参数在正常范围之内。

(2)各种安全附件、仪表灵敏可靠。

(3)设备、管线无跑、冒、滴、漏现象。

(4)现场无其他异常。

2.3　记录

巡回检查后，将巡回检查情况认真填写在生产班组 HSE 工作记录上。

2.4　紧急情况

一旦发现异常情况，依据岗位应急预案及时处理。

项目八　无人值守管理

1　项目简介

本项目目的是强化日常岗位值班、节假日值班管理，认真履行岗位职责，及时传达并按时完成上级布置的各项工作任务，提高工作效率。

2　管理内容

(1)值班干部要个人素质过硬、技能较高，工作经验丰富，有能力处理本站场安全生产过程中发生的问题，工作责任心强，业务熟练。

(2)干部值班必须24h管人员、管生产、管安全。

(3)干部值班实行领导带班、其他干部配班制度。每班次有一名项目部领导，其他干部为区技术干部、班站长。

(4)值班干部要按时(上午8：00)交接班。

(5)值班干部要坚守岗位，不准擅离生产指挥区域及值班活动区域，特殊情况外出向值班领导请假。

(6)值班干部要做到"四清"：一是岗位人员清；二是设备运行状况清；三是生产情况及工艺参数清；四是安全状况清。

(7)人员、生产站点出现异常情况，值班干部应以最快速度赶赴现场进行处理。

(8)值班干部要对生产站点采取"三不定"夜查，进一步促进安全生产，查岗应由被查岗位人员签字。

(9)岗位人员有权对值班领导、干部的违章行为提出批评或向上级反映。

(10)值班人员要及时、认真、详细填写干部值班记录、查岗记录。值班期间站场发现异常情况，值班领导、干部要负连带责任。

模块三　设备完整性管理

项目一　机械设备管理

1　项目简介

明确储气库机械设备设计选型、安装、使用、维护保养、故障维修等管理要求，保证储气库机械设备运行状态完好，实现安全平稳生产。

2　术语和定义

2.1　机械设备

指与储气库生产有关的注采站站场、丛式井场、阀室内的所有机械设备。

2.2　阀门

指用来开闭管路，控制流体流向、压力和流量的装置。常用阀门包括旋塞阀、球阀、节流截止放空阀、阀套式排污阀、闸阀、止回阀、安全阀、自力式调节阀、电动调节阀、安全截断阀等。

2.3　非标机械设备

指按照用途和需要，单独设计制造的机械设备。包括过滤分离器、旋风分离器、清管器收发装置、放空火炬、储气罐、排污罐、消防水罐等。

2.4　整体撬装设备

指将管道、阀门设备等安装在一个整体式集合中，具有一定功能的成套设备。包括自用气撬、计量撬、注醇撬、污水处理系统、净化水处理系统、空压机等。

2.5　关键设备

指在生产运行中起着重要作用，安全环保风险程度高，专业化维修要求高，价值昂贵的设备设施。包括干线截断阀、进出站截断阀、参与 ESD 联锁的设备、调压设备等。

2.6　主要设备

指在生产运行中起着直接作用，安全环保风险程度中等，价值较高的设备设施。包括 $DN200$ 及以上的阀门、压缩机辅助系统、一类压力容器、二类压力容器、起重机械、站场消防系统、生活给排水系统等。

2.7　一般设备

指在资产原值达到中国石化集团公司固定资产限额标准的其他设备设施。包括 $DN200$ 以下的机械阀门及其他辅助生产设备。

3　管理内容及要求

3.1　设备管理主要任务

遵照国家有关设备管理工作的方针、政策和相关法律、法规，按照建立现代企业制度的要求，从技术、经济、组织等方面采取措施，将实物形态管理和价值形态管理相结合，对设备从规划、设计、选型、制造、购置、安装、使用、维护、修理、改造、更新直至报废的全过程进行科学的综合管理，做到产权清晰、权责明确，优化设备资产配置，保证设备资产的安全完好和经济有效使用，为储气库生产经营奠定坚实的物质基础。

3.2　设备管理原则

(1)坚持安全第一、预防为主,确保设备安全可靠运行。

(2)坚持设计、制造与使用相结合,维护与检修相结合,修理、改造与更新相结合,专业管理与群众管理相结合,技术管理与经济管理相结合。

(3)坚持可持续发展,努力保护环境和节能降耗。

(4)坚持把技术进步、科技创新作为发展动力,推广应用现代设备管理理念和自然科学技术成果,实现设备管理科学、规范、高效、经济。

3.3　管理机构及职责

公司及各部门、站场应成立设备管理领导小组,具体负责本单位的设备管理工作。

公司设备管理领导小组的职责:贯彻集团公司、油田有关设备管理的方针、政策和法律、法规,制定公司设备管理的工作方针、目标、制度,处理公司设备管理中的重大问题,审核批准公司设备管理工作计划和年终评比结果。

3.4　设备前期管理

(1)设备的前期管理是设备全过程管理中规划、设计、选型、制造、购置、安装、投运阶段的全部管理工作,是设备综合管理的重要内容。

(2)设备规划是储气库生产经营总体规划的组成部分,主要依据储气库的生产经营发展方向、生产设备的运行可靠性、设备技术成果应用、安全生产和环境保护要求、产品质量保证体系确定。设备管理部门负责制订储气库设备规划,并纳入储气库总体发展规划。

(3)设备管理部门要负责更新设备的设计审查标准,参与基建、技措等重大项目的设计方案论证和设计审查,在设备选型中应遵循标准化、系列化、通用化的原则,对设备的可靠性、适用性、安全性提出要求,并督促落实。坚持技术先进、经济合理原则,禁止选用国家明令淘汰的设备。

(4)设备购置要坚持质量第一、比质比价和寿命周期费用最经济的原则,做好重要设备监造工作,严格进厂设备的质量验收。进口设备应有必备的维修配件并按规定进行商检。自制设备要控制生产过程,保证制造质量。设备管理部门负责或参与主要设备的选型、签订技术协议及设备购置和进厂验收。

(5)工程建设单位对设备的安装施工要制定严格的施工方案,认真落实质量保证体系,安装队伍必须具有相应资质。设备安装必须执行相关规定和标准,并按规定进行调试,达到投用和完好要求。竣工交接必须资料齐全,按规定办理移交手续。设备管理部门参与或负责工程竣工验收、设备调试、竣工资料移交。

(6)设备投产前,应组织技术人员和有经验的操作人员全面掌握设备的性能和使用维护方法,制定试运行方案和安全措施,并对操作人员进行专门的安全生产教育和设备操作、维护技术培训,使其了解和掌握设备的安全技术性能。

(7)建立设备前期管理责任制,有关部门对设备前期各阶段所承担的工作负相应的责任。

3.5　设备使用维护

(1)建立健全设备的使用、维护管理制度,制定严格的设备操作和维护规程,严格执行巡回检查、维护保养和润滑(油水)等各项设备管理制度,建立设备隐患发现、分析、报告、处理等闭环管理机制。

(2)设备操作和维护人员上岗前必须经过系统的理论和实践培训，严格实行持证上岗。设备管理部门要监督检查关键设备、重点岗位操作人员的培训情况。特种设备操作人员须经具有培训资质的单位进行培训，考核合格后颁发相应资质的操作证。

(3)设备操作人员是设备运行和日常维护保养的责任者，必须遵守设备操作、维护制度和规程，认真控制操作指标，严禁设备超温、超压、超负荷运行。

(4)设备维修人员要对所维修设备进行认真的巡回检查。在维修中应严格执行设备维护检修规程。

(5)加强设备故障和事故管理，建立设备故障记录，制定主要设备事故应急预案，不断提高处理突发事故的能力。

(6)开展"大型机组关键设备特级维护活动"，成立"五位一体"（机械、电气、仪表、操作、管理）的特护小组，各专业应分别建立台账，做好记录，掌握设备运行特性和规律，减少故障和降低事后维修成本，提高设备安全性和经济性。

(7)制定并严格实行备用设备管理维护制度，坚持定期对备用设备进行检查和维护保养，确保设备处于完好备用状态。

(8)加强关键设备、需要监控运行和运行年限较长设备的管理，定期开展技术性能和安全可靠性评估，采取必要的防范措施，确保设备运行的安全可靠，降低设备运行风险。

(9)制定活动设备回场检查制度，设立回场检查站，配备专职检验人员。回场检查站由设备管理部门实行归口管理。

(10)重视并做好设备防腐蚀工作。制定设备防腐蚀工作管理制度，设立设备防腐蚀专业技术岗位。要采用工艺技术防腐、材料防腐、腐蚀监测等综合技术措施，预防设备腐蚀。

(11)认真执行设备润滑（油水）管理制度，配备专（兼）职专业管理人员，严格执行设备润滑的"五定""三级过滤"制度。

(12)企业设备管理部门应配备高素质的专业技术人员主管故障诊断和状态监测工作，配备开展状态监测工作所需的仪器，积极开展设备状态监测和故障诊断，及时准确掌握设备运行状态，积累完善的状态监测历史数据，总结探索设备故障停机规律，发现问题及时反馈和处理。

3.6 设备检修管理

(1)设备管理部门应根据设备实际运行状况，结合生产安排，编制设备检修计划。

(2)设备修理要坚持日常维护与计划检修相结合，贯彻定期检测、按需修理的预防性维修方针，推广状态监测检修，既要防止设备失修，又要避免过度维修。

(3)加强设备和装置检修全过程的管理，认真做好设备修理前的检查、修理过程的监督和修理后的验收，缩短修理时间，降低修理成本。

(4)加强检修质量管理，建立健全设备修理的质保体系。

(5)对进入其内部市场的检修单位进行资质认证及年度审验。特种设备的承修单位须有相应资质，修理内容应与资质相符，不准超资质、超级别进行修理，确保修理的合法性。

(6)检修结束后，设备管理部门要开展检修项目的统计工作，组织编写检修技术总结，做好检修技术资料的归档。对重大检修项目，要进行技术经济分析。

3.7　设备更新改造

设备更新是指采用新设备替代技术性能落后、安全状况和经济效益差的原有设备。设备改造是运用新技术对原有设备进行技术改造，以改善或提高设备的性能、效率，减少消耗及污染。设备更新改造的原则：

(1)设备更新应当紧密围绕储气库生产经营、产品开发和技术发展规划，有计划、有重点地进行。

(2)设备更新应着重采用技术更新的方式，改善和提高企业技术装备素质，达到优质高产、高效低耗、安全环保的综合效果。

(3)设备更新应当认真进行技术经济论证，采用科学的决策方法，选择最优方案，确保获得良好的设备投资效益。

(4)设备改造应充分考虑生产的必要性、技术的先进性和可行性及经济的合理性。

3.8　设备资产管理

(1)设备管理部门负责固定资产的能力查定，掌握在用固定资产的技术经济状况，负责在用固定资产的检维修管理，组织闲置、报废固定资产的技术鉴定，根据生产需要，负责提出公司内部固定资产的调剂、调拨与报废处置的意见，配合财务部门做好固定资产的清查与盘点，确保账物相符。

(2)对长期停用的固定资产，在检修后应予以封存。

(3)固定资产报废须经使用单位申请，设备管理部门组织技术鉴定，财务部门审核后，按规定程序报上级批准。

(4)闲置固定资产要重新使用，必须经过全面的技术检验，符合技术要求，并经设备管理部门同意后方可使用。

3.9　设备综合管理

(1)根据设备在生产过程中的重要程度，实行设备分级管理。视管理情况，按关键设备、主要设备、一般设备进行分级。可将在生产中起关键作用、技术含量高、价格昂贵的设备列为关键设备。要明确设备分级后的管理权限，落实管理职责，避免管理失控。

(2)为便于管理和统计，按设备的特点和用途进行设备分类。

(3)建立健全设备技术管理档案，做到"一台一档"，档案内容应涵盖设备技术文件、全过程管理动态；设备迁移、调拨时，其档案随设备移交；档案管理人员变更时，主管领导必须认真组织按项交接。

项目二　计量设备管理

1　项目简介

明确储气库计量设备设计选型、安装、使用、维护保养、故障维修等管理要求，规范计量设备管理工作，保障计量设备安全、稳定、可靠运行。

2　术语和定义

2.1　计量设备

指贸易计量流量计、计量配套仪表、分析仪表和自用气流量计。

2.2　贸易计量流量计

指用于贸易计量的各种类型的流量计。

2.3　计量配套仪表

指与贸易计量流量计配套使用的压力变送器、温度变送器及流量计算机。

2.4　分析仪表

指分析小屋内仪表和便携式天然气分析仪表，包括色谱分析仪、水露点分析仪和硫化氢、总硫分析仪等。

2.5　自用气流量计

指站场放空火炬、三甘醇再生撬燃料气计量流量计。

3　管理内容

3.1　计量设备设计选型

(1)计量器具的选型应遵循有关国家法律、法规、标准和规范，并具备足够的备用能力。

(2)计量系统及其配套仪表的准确度等级应满足《天然气计量系统技术要求》(GB/T 18603—2023)所规定的准确度等级要求。

(3)计量设施应该符合储气库区域化管理、集中监视、计量远程诊断监控和计量电子化交接的管理要求。

3.2　计量设备安装

计量设备按《天然气交接计量设施功能确认规范》(QS/Y 1537—2012)要求安装。

3.3　计量设备管理

(1)贸易交接用流量计应送有资质的检定机构进行检定。

(2)未经检定或检定不合格的计量器具，一律不准使用。未经校准或经校准不能满足《天然气计量系统技术要求》(GB/T 18603—2023)的专用计量器具及计量检测设备，一律不得使用。

(3)规定计量器具必须经过检定或校准后才能使用。对于强制检定的计量器具，按计划进行送检并取得检定/校准证书。

3.4　计量设备资料管理

(1)编制计量设备台账，计量设备台账中的计量器具及附件统计准确、齐全，并每月及时检查、更新。

(2)各种图纸应做到齐全完整、内容准确、取用方便，图纸内容有变化应及时在原图上注明。

(3)各种计量设备说明书、技术文件、标准和规范应齐全，页数完整。

(4)技术改造方案、总结、验收报告等应保存完整、规范。

(5)计量设备自投用起应建立计量设备技术档案。

(6)计量设备技术档案内容应包括设备技术资料以及从购置、验收、运行、维护直至报废全生命周期的一切活动记录。

(7)计量数据保存时间。各单位负责保存本单位计量数据，用以证明计量管理工作的有效运行。

3.5　计量设备维护保养

(1)基层站场负责对本站场计量设施进行日常巡检，对所对应的计量设施进行检查。检查现场计量仪表外观、运行状态、主要参数设置是否正常，定期保存相关记录、报警、趋势等数据。

（2）具备条件时，基层站场每日进行一次与上、下游计量设备的数据比对，比对结果作为基层站场损耗管控的参考依据。

（3）计量管理人员每周通过远程诊断系统对具备远程诊断功能的在用流量计进行在线诊断和定点声速核查，并保存相关记录、报警和组态等数据，每月完成所管辖范围内所有在用流量计的巡查。对每次诊断和核查结果不合格的流量计及时进行分析，启用备用流量计，并落实整改措施，保存相关整改记录。

（4）基层站场值班人员实时关注集中监视计量系统报警信息，对相关报警进行复核、确认，并及时上报、处理存在的问题。

3.6　停用设备管理

（1）停用设备要封存保管，上盖下垫，封闭各气口、油口、水口。

（2）停用设备的维护保养按在用设备管理。

项目三　自动化仪表设备管理

1　项目简介

加强储气库自控设备及 DCS 系统管理工作，提高自动化仪表设备及系统的管理水平，保障储气库的安全经济运行。

2　术语和定义

2.1　PLC 系统

PLC 是站控系统核心设备，用于采集及上传站场的设备状态、测量数据等信息，实现对站场生产过程的监视和控制。

2.2　ESD 系统

ESD 系统即紧急截断系统，是由传感器、逻辑控制器及终端元件组成的系统。其目的是在出现故障时，使过程处于安全状态。

2.3　远程监视系统

远程监视系统指生产运行指挥中心及所属各站场的远程只读监视终端系统。

2.4　RTU 系统

RTU 系统即远程监测单元，用于采集采气树油温、油压的设备状态、测量数据等信息，实现对采气树生产过程的监视和控制。

2.5　SCADA 系统

SCADA 系统即监控管理与数据采集系统，是由计算机硬件、软件相结合的系统，用于发送指令、获取数据以达到监视控制的目的。

3　管理内容及要求

3.1　运行要求

（1）机柜间或站控室应达到下列温度、湿度要求。温度：18～28℃，温度变化率小于10℃/h，不得结露；相对湿度：15%～85%。对于室外安装的系统（如阀室 RTU），外部条件应满足其本体工作环境范围要求。

（2）操作员工作站、通信服务器和远程监视终端等专用终端严禁安装与 DCS 系统无关的软件。

(3)DCS 系统专网严禁与互联网连接，任何设备未经允许严禁接入 DCS 系统专网。

(4)所属站场的调试用笔记本电脑专本专用，严禁接入互联网，不得从事与生产无关的事项。

(5)数据备份使用专用移动硬盘。

(6)为满足生产需求而需要与外部系统进行连接的，必须有相应的安全隔离措施。

(7)操作使用自动化仪表系统时，应采取风险辨识、安全防护措施，措施不到位的禁止作业。

(8)自动化仪表系统 PLC、ESD、RTU、HMI、压力仪表、温度仪表、液位仪表、火气仪表等设备的日常操作维护执行相应的票卡制度。

3.2 变更管理

(1)自动化仪表系统设备的变更执行《工艺与设备变更管理程序》。

(2)ESD 系统休眠按照休眠时间(8h)执行一般变更或者重大变更。

(3)ESD 程序修改、关键 PLC 程序修改、路由器/交换机配置文件修改、报警等级修改执行重大变更，其余站控系统画面、程序、配置文件等修改执行一般变更。

3.3 事故管理

(1)事故按其性质可分为自然事故和责任事故。凡因遭受自然灾害，导致自控设备和 DCS 系统不能正常运行的情况，为自然事故。凡因违反操作规程，使用不当，保管不善等造成自控设备和 DCS 系统不能正常运行的情况，为责任事故。

(2)自控设备和 DCS 系统的事故等级划分。

①一般事故。对仪表、设备和 DCS 系统性能影响不大，损失价值在 2000 元以上、2 万元以下的事故。

②重大事故。对仪表、设备和 DCS 系统性能有较大影响，经修理后可以恢复至原技术指标，损失价值在 2 万元以上、10 万元以下的事故；影响到正常注(采)气生产，但未因此停机、停输、中断对下游用户供气的事故。

③特大事故。对仪表、设备和 DCS 系统性能有严重影响，经修理后难以达到原技术指标，损失价值在 10 万元以上的事故；影响到正常注(采)气生产，并且因此停机、停输、中断对下游用户供气的事故。

④事故损失价值计算公式：

$$损失价值 = 修理用材料费 + 修理鉴定工时 × 工时费$$

3.4 事故预防

(1)对仪表设备操作、维护人员在上岗前必须进行培训和考核。

(2)对各级管理人员和操作人员进行必要的技术和管理培训，加强岗位练兵。

(3)做好对设备和系统的使用、维护、指导和检查，发现问题及时纠正。

(4)使用和维护人员要严格执行操作规程，加强对设备的维护和管理。

3.5 事故处理

(1)自控设备和 DCS 系统发生事故后，使用或维护人员应立即停止使用或维护，同时采取适当措施防止事故扩大，并向上级部门汇报。

(2)公司应组织人员及时到现场开展分析，查明事故原因和性质，若属于责任事故，责任者应填写事故报告单。发生重大、特大事故，使用者应保持现场状况，并立即报告公司主管领导，必要时生产运行指挥中心、安全环保室等部门派人参加事故分析处理。

（3）出现责任事故，应根据情节轻重给予责任者必要的经济处罚和行政处分，并按照有关考核规定考核责任站场。

（4）若出现操作责任事故，或丢失仪表、设备或附件的责任事故，应根据情节轻重，给予责任者必要的经济处罚和行政处分，并按照有关管理规定对责任站场扣减考核分数。

3.6　资料管理

（1）站场应根据各自的管理职责范围，建立和完善 DCS 系统软件、硬件设备的档案和基础资料。

（2）建立健全 DCS 站控子系统技术档案、系统验收记录、系统故障处理记录、系统修改记录，以及系统设计资料、说明书、系统软件、应用软件、系统备份盘等。

（3）建立站控系统 PLC 及 RTU 技术档案、仪表数据库、自动控制流程图、系统接线图、系统验收记录、系统故障处理记录、系统修改记录，以及系统应用软件备份、站控系统操作手册等技术资料。

项目四　通信设备管理

1　项目简介

规范储气库通信设备的生产运行和日常运行管理，本着提高通信设备的可用性、稳定性、可靠性、保密性和安全性原则，保证通信设备的完好率，安全、可靠、平稳地为生产管理和调度提供数据、视频、语音通信通道。

2　管理内容及要求

2.1　通信设备

通信设备包括光传输系统、语音交换系统、办公网络系统、会议电视系统、工业电视监控及周界安防系统、管道光缆线路、综合布线系统和公网备用通信系统。

2.2　运行维护管理工作范围

（1）生产运行指挥中心、站场、阀室的 MSTP/SDH 光传输设备。

（2）数字程控交换设备、调度台、VOIP 软交换核心服务器设备、网关设备及数字电话终端、PCM 设备。

（3）会议电视主控中心 MCU 设备、分控中心 MCU 设备、站场会议终端设备。

（4）工业电视监控及周界安防系统设备。

（5）办公网络系统核心交换机及服务器、二层交换设备。

（6）通信电源设备。

（7）综合布线线路。

（8）公网备用通信系统设备。

（9）卫星电话、无线防爆对讲设备。

（10）通信测试仪器仪表、备品备件等。

2.3　运行维护管理

2.3.1　通信机房管理

（1）严格执行工作申请，工作终结恢复通信。

（2）除了操作人员，任何人未经许可，不得擅自操作通信设备。

（3）操作人员要遵循通信系统操作维护手册要求，遵守劳动纪律和机房管理办法。

（4）进入机房，必须采取静电释放措施方可进行维护操作。

（5）机房温度、湿度必须满足通信系统设计规定的要求。

（6）机房内消防设施要配备齐全，放置于明显位置。

（7）机房电缆通道要有防鼠设施，以防遭到鼠害。

2.3.2　设备运行管理

通信设备要定期进行维护、检查和测试。

（1）MSTP/SDH 光传输设备春、秋巡检时进行误码测试，保证误码率符合要求。

（2）MSTP/SDH 光传输设备和其他通信设备光接口要定期测试，当光功率接近临界值时要及时处理。

（3）数字程控交换机、VOIP 交换机接通率要符合规范要求。

（4）工业电视监控设备、周界安防设备每季度进行一次维护检测，发现问题及时处理。

（5）定期进行通信设备接地测试，当测试结果不满足防雷接地要求时，应及时处理。

（6）做好 DDF、ODF 配线架管理工作，主备电路标识清楚明确，基础资料完整。

（7）对公网电路、站内线路、PCM 配线等要防止高压电串入，以免损坏设备。

（8）管道巡线检查包含光缆巡查，发现裸露硅管、光缆要及时进行处理，处理不了要及时汇报。

（9）管道光缆每半年进行一次维护测试，对中继段光纤线路损耗（dB、dB/km）、中继段后向散射曲线、中继段光纤通道总损耗（dB）、中继段光纤偏振模色散（PS/km）等重要数值进行测试，并与竣工资料进行比较，掌握光缆质量情况，查找隐患，提出整改措施。

（10）通信设备风扇、工业电视前端设备每季度进行一次彻底清扫，并对雨刷和云台转动等机械装置进行检测，保证设备正常运行，对部分地区根据情况增加清扫次数。

（11）保证通信测量仪表完好性、准确性，除了进行仪表年检，每季度还进行一次测试并在投入使用前进行事前校验。

2.3.3　通信系统的软件、硬件升级管理

（1）通信系统的软件、硬件升级必须根据承载业务的需求变化或设备状态适时进行。

（2）升级前，在实施方案审批后要对数据库进行备份；升级完成后及时对系统进行测试。

（3）项目申请、执行、验收、存档须按储气库相应规定执行。

2.3.4　通信系统的建设、整改和扩容

（1）通信系统建设、整改和扩容要根据系统本身的运行状况等单独立项或列入系统维护内容。

（2）通信系统建设、整改和扩容过程中与各相关部门应充分进行协调，在保证新增内容顺利实现的同时，不影响原有系统的完整性、可用性和可靠性。

2.3.5　设备操作安全管理

（1）通信设备操作必须遵循 4 个程序：工作申请、工作许可、工作监护和工作终结恢复通信。

（2）采取安全的操作措施。在有人监护的情况下操作；确认操作前告警状态、告警级别；根据业务级别，确定不同的操作时间、方法；进行设备板件操作时须佩戴防静电手

腕；在雷雨和电源不稳定情况下不操作；操作完毕全面检测业务，确定业务恢复。

2.3.6 设备完好性管理

(1)设备主要技术指标、电气性能应符合维护技术指标要求。

(2)设备结构完整，软硬件齐全，各项功能达到规定要求。

(3)设备状态良好、清洁，运行正常。

(4)技术资料齐全，图纸与实物相符。

(5)设备受检率100%，通信测试仪器仪表完好率100%。

(6)设备台账完整率100%。

2.3.7 资料管理

(1)建立和完善通信系统设备档案。

(2)通信故障处理后出具通信系统故障处理记录。

(3)月度、年度通信系统运行工作总结须出具通信系统月(年)度工作报告。

(4)每季度通信设备全面维护后出具通信系统季度维护报告。

(5)春、秋季通信系统巡检须出具春(秋)季巡检报告。

(6)通信设备、仪表维修检定须出具通信仪器仪表测试记录。

项目五 电气设备管理

1 项目简介

规范和加强储气库电气管理工作，保障电气设备安全、稳定、可靠运行。

2 管理内容及要求

2.1 基本要求

(1)严格执行《电业安全工作规程》。

(2)认真执行"三三二五"制(三票、三图、三定、五规程、五记录)。

①"三票"指工作票、操作票和临时用电票。

②"三图"指一次系统图、二次回路图和电缆走向图。

③"三定"指定期检修、定期试验和定期清扫。

④"五规程"指检修规程、试验规程、运行规程、安全规程和事故处理规程。

⑤"五记录"指检修记录、试验记录、运行记录、事故记录和设备缺陷记录。

(3)严格执行"三票"填写执行规定，并根据需要及时修订。

(4)电气一次系统图、二次回路图、电缆走向图应是完整的竣工图纸，必须与现场实际相吻合，并绘制电子版以便及时修改。

(5)电气运行及维护人员应按电气设备巡回检查制度，开展设备的巡回检查工作，并做好相应巡检记录。

(6)为保证电气设备的安全运行，电气设备的检修、试验应按《电力设备预防性试验规程》《引进设备预防性试验规程》和中国石化集团公司、股份公司《石油化工设备维护检修规程》规定进行，由于装置长周期运行确实无法按规定周期进行检修、试验的电气设备，应组织对其运行状况进行技术评估。

(7)积极应用先进的在线监测、离线状态监测、故障诊断新技术和新设备。如红外测温仪、红外热像仪、振动测试仪、油色谱分析仪等。

（8）根据电气设备的特点进行分级管理。

（9）重要装置的高低压变配电室的运行环境温度以（25±5）℃为宜，达不到要求的应装设带有除湿功能的空调设备。

（10）要建立健全设备技术管理档案。设备变更、调拨时，其档案随设备移交。档案管理人员变更时，主管领导必须认真组织按项交接。

2.2 设备运行管理

2.2.1 电动机

（1）电动机包括异步电动机、同步电动机和直流电动机。

（2）电动机在额定容量下运行时，其电压应在额定电压的95%~110%范围内，电动机调压、调频运行时，其输出容量不能按额定容量使用，三相电动机在额定电压下运行时，其三相电压最大值与平均值的差值不应超过平均值的5%。

（3）电动机运行时不应超过其额定电流，三相电动机额定运行时三相电流最大值与平均值的差值不应超过平均值的5%。

（4）对运行中的电动机应检查其声音、运行电流、运行电压、温升、振动和同步电动机的励磁电流及直流电动机的换向器等，有条件的还应进行状态监测，并将监测结果记入台账进行分析，指导电动机检修。

（5）电动机轴承允许的温度应遵守制造厂的规定。

（6）运行中的电动机应根据运行状况定期进行注油，并建立润滑台账。

（7）应定期检查备用电动机，确保其处于完好备用状态。

2.2.2 高压开关设备

（1）高压开关设备包括断路器、隔离开关、负荷开关、熔断器、分段器和开关柜等。

（2）应根据开关类设备的事故、故障、运行、检修情况以及断路器开断短路电流的核对验算结果，制定反事故技术措施和技术改进措施。

（3）新装的开关设备，投运前必须进行交接试验，运行中的开关设备应按规定进行预防性试验；新装变电所的母线，一年内应进行预防性试验，运行中的母线应按规定进行预防性试验。对引进设备要按照厂家使用要求或技术合同进行运行、维护、试验等。

（4）应掌握35kV及以上电压等级开关类设备的大检修计划及其执行情况，并重点抽查、验收重大的检修项目。

2.2.3 不间断电源系统（UPS）

（1）重要负荷使用的UPS电源宜采用双机供电或单机加市电供电方式，特别重要的负荷应采用双机供电。

（2）UPS须采用来自不同母线的两路独立电源供电。

（3）UPS故障报警信号应送至电气值班室或控制室。

（4）UPS应具备良好的运行环境，运行环境温度以（25±5）℃为宜，并采取必要的防潮、防尘措施。

（5）UPS宜增设脱机检修旁路，以便UPS发生故障后可完全与电源系统隔离。

（6）制定UPS故障应急预案，提高处理突发故障的能力。

（7）UPS运行操作人员应具备UPS专业知识，做好UPS运行管理，按规定进行各项操作，定期进行巡视检查，发现异常情况及时记录。

（8）每年对 UPS 电池进行一次容量检查。

（9）编制 UPS 的操作、维护管理规程。

2.2.4　照明设备

（1）照明设备包括用于照明的灯具、线路、开关、配电箱等。照明设备可分为常用照明设备、事故照明设备和安全照明设备。

（2）定期检查维护所辖照明设备，保证照明设备状况良好，满足现场工作需要。

（3）照明设备的检修应严格遵守有关规定，做好安全措施，在易燃易爆场所禁止带电更换灯具。

（4）当发生事故导致正常照明电源被切断时，事故照明设备应能自动投入，改由蓄电池或其他独立的电源供电。

（5）在事故照明网络中不得接入其他用电负荷。

（6）对事故照明设备进行定期检查，确保事故照明设备完好有效。

（7）安全照明管理按中国石化集团公司《安全生产监督管理制度》的有关条款执行。

2.2.5　电气日常管理

（1）电工必须持有"电工进网作业许可证"（电力部门颁发），人员技术素质达到应知应会要求；应有按电气规程制订的年、季培训计划；定期考试，成绩归档；作业时着劳保装。

（2）定期检查设备工作接地和保护接地装置，测试接地电阻合格，做到有数据可查，接地线数量充足。

（3）按规定做好日常检查维护和运行记录，严格执行巡回检查制度和交接班制度。各设备运行状况要与实际情况相符。

项目六　管道保护管理

1　项目简介

加强储气库管道阴极保护及防腐管理，提高管道阴极保护的管理水平，延缓管道的腐蚀，延长管道寿命。

2　管理内容及要求

2.1　阴极保护系统运行总体要求

（1）保护率等于 100%。

（2）运行率大于 98%。

（3）保护度大于 85%。

（4）保护电位：控制范围为 $-0.85 \sim -1.40V$（参比电极采用 $Cu/CuSO_4$ 电极，下同），特殊管段可采用阴极极化与去极化电位差大于或等于 100mV 指标。

2.2　阴极保护系统运行管理要求

（1）阴极保护系统应保持连续运行，除了需要测量阳极地床接地电阻、受杂散电流干扰、每年规定的测试自然电位，禁止中断。

（2）外加电流阴极保护系统停运实行报批及备案制度。

（3）恒电位仪在正常情况下应保持恒电位运行状态，出现故障后可暂时恒电流运行；当测试线路保护电位采用间歇供电运行后，及时恢复恒电位运行。

（4）调整阴极保护站汇流点电位时，应事先与上、下站联系，避免相互影响。

（5）阴极保护站应按照一用一备进行配置，正常运行时，统一按规定时间手动切换工作机与备用机。

（6）发现阴极保护电位异常时应及时逐级上报，经分析后对恒电位仪进行相应调整或采取其他措施。

（7）在日常检测、维修过程中应收集干线沿线和站内埋地管道各点的 IR 降规律，作为阴极保护站通电电位设置的依据。

（8）对牺牲阳极保护管道保护电位达不到保护要求的，查找原因并进行整改。对牺牲阳极开路电位达不到要求的，及时予以更换。

2.3　阴极保护监测系统的管理

（1）阴极保护监测系统由专人负责日常监控、记录、分析和报告。

（2）系统出现异常情况后应及时分析处理，查明原因。

2.4　恒电位仪及控制柜的管理

（1）各站场应建立恒电位仪设备档案台账，并建立单独的恒电位仪运行记录本，认真填写运行记录。

（2）恒电位仪控制柜一般应处于自动切换状态。

（3）每天巡检一次恒电位仪的运行（无人值守站除外），并在本站恒电位仪运行记录本中记录恒电位仪的运行参数。

（4）恒电位仪的巡检包括运行参数是否正常，电力输入线路、阴极和阳极输出线、参比电极连线是否接触良好。

（5）恒电位仪的停运、检修等操作应严格按照《防腐及阴极保护系统操作维护手册》中的有关规定执行。每次停运、维护维修、事故及异常情况时须填写记录。

2.5　阴极保护监测系统服务器及终端的管理

（1）保持恒电位仪、电位采集器、智能测试桩及时上传阴极保护电位至阴极保护监测系统，出现异常情况应及时检查。

（2）定期检验电位传送的准确情况，每次测试线路保护电位时，及时对现场实测电位与电位采集器上传数据进行分析比对。

2.6　辅助阳极地床的管理

（1）每季度测量一次辅助阳极地床接地电阻，并做好记录。

（2）辅助阳极地床接地电阻通常小于 1Ω，最大不能影响阴极保护系统的正常运行。

（3）在特别干旱地区，在阳极地床接地电阻高到足以影响恒电位仪正常工作的情况下，应采取浇水降阻措施。

2.7　长效参比电极的管理

（1）每半年进行一次便携式参比电极测试数据与长效参比电极测试数据比较，判断长效参比准确性。

（2）长效参比误差过大时，应立即进行更换。

2.8　绝缘接头的管理

（1）每两个月检测一次绝缘接头两侧的管道对地电位，当与上次测试结果差异过大时，应对绝缘接头的性能进行鉴定。

(2)发现绝缘接头漏电,必须采取相应的处理措施,并上报相关部门。

(3)加强对绝缘接头的浪涌保护器或锌接地电池的检查,避免或减轻感应雷电对阴极保护系统的影响。

2.9 牺牲阳极保护的管理

(1)定期监测牺牲阳极的保护状况,每半年测量一次管道保护电位、阳极开路电位。

(2)牺牲阳极防爆测试箱密封良好。

(3)防爆测试箱外部标识清晰规范,箱内接线电缆标识清楚。

2.10 测试桩的管理

(1)每次在测试保护电位的同时,检查、维护测试桩,对测试桩倾倒、损坏、电缆虚接等问题及时进行处理。

(2)每年进行一次刷漆、编号和检修。

2.11 阴极保护间管理要求

(1)阴极保护间(含与其他设备合用)应清洁、干燥,禁止摆放杂物。

(2)阴极保护间应设挡鼠板。

(3)阴极保护间应配备"两图"(恒电位仪及控制柜操作规程图和阴极保护系统布置图)。

2.12 保护电位测试要求

每两个月对沿线管道测试桩进行逐桩电位测试。

2.13 测试用参比电极要求

(1)使用便携式饱和硫酸铜参比电极,参比电极底部均要求做到渗而不漏。

(2)便携式参比电极中的紫铜棒应定期擦洗干净,露出铜的本色(使用一段时间后,表面会黏附一层蓝色污物),并更换饱和硫酸铜溶液。

(3)饱和硫酸铜溶液用蒸馏水和化学纯硫酸铜配制。

(4)便携式参比电极使用后应保持清洁并浸泡在洁净的水中,防止污染和溶液大量漏失。

2.14 测试用数字万用表要求

(1)测试用数字万用表输入阻抗不应小于 $10M\Omega$。

(2)测量电位时需将电压表调至适合的量程上,并读取数据。

(3)加强数字万用表维护保养及检定工作,避免在电位测试过程中使用失效仪表,造成误差过大。

(4)由于管道极易发生雷电感应,在雷电、阴雨天气时严禁开展任何现场测试。

2.15 自然电位测试要求

在统一时间内完成自然电位的测试,提交年度自然电位测试分析报告,对测试中发现的问题提出整改措施和处理结果。

2.16 杂散电流干扰与防护管理要求

(1)经初步调查确认存在杂散电流干扰后,应及时进行详细调查、测试,并采取相应排流措施。

(2)定期(每两个月)检查和测试线路排流设施的技术状况,并进行维护。

(3)每年进行排流效果分析,并对排流保护设施进行调整。

2.17 管道防腐层管理要求

(1)定期组织对管道防腐层进行全面检测和评价,以掌握管道防腐层的整体情况。根据检测评价结果,开展防腐层的日常维修或大修。

(2)定期对跨越管道(特别是大型跨越管道)的外防腐保护情况进行检查,包括外防腐涂层、保温层、防水层和阴极保护跨接电缆的完好情况。

(3)结合站场改造、水工保护施工等生产活动,对防腐层状况进行直观检查。发现埋地管道防腐层破损时,要检查钢管的腐蚀情况,如果钢管已发生腐蚀,应进行剩余壁厚测量。

2.18 阴极保护及防腐资料的管理

(1)强制电流阴极保护系统应收集、整理、归档管道保护电位记录、阴极保护运行记录、恒电位仪等电源设备故障及维修记录。

(2)牺牲阳极阴极保护系统应收集、整理、归档牺牲阳极测试记录、牺牲阳极更换(埋设)记录。

(3)收集整理好外防腐层检测、缺陷修复、验收等相关资料。

项目七 维抢修设备管理

1 项目简介

规范储气库各站场、维抢修单位吊索的检查、桥式起重机的操作与维护管理,提升现场操作与维护安全管理水平,确保操作维护作业安全、可靠、受控。

2 管理内容及要求

2.1 吊索检查与维护管理

2.1.1 使用前检查

(1)在使用吊索进行连续吊装作业时,每次工作前应对吊索进行检查。

(2)吊带要保证无扭结、破损、开裂,不能在吊带打结、扭绞状态下使用。

(3)在无保护的状态下,不要让吊带吊运带有棱角或锐边的重物。

(4)吊带使用温度范围在 $-20 \sim 100\,℃$ 。

2.1.2 使用注意事项

(1)钢丝绳严禁超负荷使用,禁止用钢丝绳头穿细钢丝绳的方法接长后吊运物件。在使用过程中,应防止因滑轮偏角过大而造成钢丝绳损坏。

(2)使用的钢丝绳套应是整根绳索制成的,禁止中间有接头。钢丝绳套使用完应进行检查保养后存放。

(3)在使用吊带吊装货物时,人员禁止站在货物之下。

(4)使用吊带吊长物品时,禁止使用单根吊带,并且要系尾绳。

(5)使用两根吊带吊货物时,吊带与货物的夹角应在45°以上,严禁在小于30°的夹角下吊装。

(6)使用吊带吊货物时,挂装吊带的位置严禁有较锋利的棱角,同时应捆紧吊带,避免在吊装过程中因滑动造成吊带损伤而使吊带的工作安全负荷降低导致事故发生。

2.1.3 使用后检查

吊装作业完毕后,站场或维抢修单位操作人员应对吊索进行检查,在确保无损伤、可继续使用的情况下，对吊索进行清洁、维护保养，存放回集装箱；如发现破损，立即报废。

2.1.4 报废标准

钢丝绳出现以下任意一种情况，均需报废该钢丝绳。

(1)断丝。6倍直径内超过5%的断丝；断丝若在局部聚集，同一部位和环眼处超过3根断丝，即使少也应报废。

(2)压扁。尺寸小于原始直径的70%；直径减小，小于公称直径的90%。

(3)锈蚀。细丝松弛，表面明显粗糙、柔性降低；细丝表面出现深坑，在锈蚀部位实测钢丝绳公称直径减小达7%；发生内部锈蚀。

(4)部分松股。松股超过公称直径的10%。

(5)扭结。钢丝绳扭结。

(6)钢丝绳麻芯或纤维芯外露或断裂。

(7)6倍直径内，钢丝绳绳丝被挤出达5%，绳股挤出；绳径局部增大，达原直径的120%。

(8)因受热、电弧或化学物质影响发生颜色变化。

(9)磨损。公称直径减小7%或外层钢丝磨损达原直径的40%。

(10)压制索节有裂纹、明显的刮伤、错模，磨损和腐蚀量超过原始直径的5%。索节松脱或错动。

(11)钢丝绳环眼部分金属套环有裂缝及过度的腐蚀和变形。

(12)钢丝绳若断丝、变形、锈蚀、磨损等多种情况同时出现时，达到以上程度的一半。

其他标准具体执行《起重机用钢丝绳检验和报废实用规范》(GB/T 5972—2009)。

吊带出现以下任意一种情况，均需报废该吊带。

(1)带有红色警戒线吊带的警戒线已裸露。

(2)吊带本体被切割，严重擦伤，带股松散，局部破裂。

(3)表面严重磨损，吊带异常变形起毛，磨损达到原吊带宽度的1/10。

(4)承载接缝绽开、缝线磨断。

(5)吊带纤维软化、老化(变黄)，表面粗糙易于剥落，弹性变小，强度减弱。

(6)吊带出现死结；吊带发霉变质，表面有过多的点状疏松、腐蚀、酸碱烧损以及热熔化或烧焦。

2.2 桥式起重机操作与维护管理

2.2.1 操作人员要求

(1)应持有效"健康、安全、环境管理培训证书"。

(2)起重操作人员、指挥人员/司索人员应持有效"特种设备作业人员证"。

2.2.2 作业前准备

(1)进行吊装作业前，应根据许可作业管理规定，办理"吊装作业许可证"。

(2)空车试运转几次。

(3)检查电路是否正常。

(4)检查各减速器箱内油量，注意是否变质；检查各润滑部位的油杯、油塞是否按规定加油。

（5）检查连接处的螺栓有无松动，若有松动，及时紧固。

（6）检查制动系统是否正常。

（7）检查钢丝绳工作状况，定期加油润滑保养。

（8）检查吊钩、钢丝绳、控制器、限位器及各安全开关是否灵活可靠。

（9）检查行吊的安全检验标志是否齐全，是否在校验有效期内。

2.2.3 吊装作业

（1）操作控制器将吊钩悬置到被吊物正上方，并将被吊物选择配套合适的捆绑带进行捆绑固定。

（2）操作控制器对被吊物进行试吊确认，确认无误后开始进行吊装作业。

（3）在被吊物起吊前，要在被吊物本体捆绑牵引绳，由专人操作，确保被吊物不游摆。

（4）被吊物在落向指定位置时，起重操作人员要紧盯指挥手势，实现吊物平稳缓慢落地。

（5）起吊作业完成后，将控制器放到指定位置，关闭电源，清理作业场地。

2.2.4 注意事项

（1）起吊过程中严禁多人指挥，由具有起重指挥特种作业人员证的专人独立指挥，起重操作人员严格执行指挥手势标准。

（2）起吊物件捆绑必须牢固可靠，捆绑带、吊钩、钢丝绳应在允许负荷范围内。

（3）起吊过程中被吊物下方严禁站人或有行人通过。

（4）必须在起吊过程中做到启动、制动平稳，吊钩、吊具和被吊物品不游摆。

（5）吊钩、吊具、被吊物品准确地放在所需位置。在稳、准的基础上协调各机构的动作，缩短工作时间。根据被吊物品的具体情况，正确地操作控制器。

2.2.5 常见故障及排除方法

（1）在运行过程中，机件或电路发生故障时，应放下被吊物件，关闭电源，上报并组织维修，不得在运行中进行维修。

（2）运行过程中突然停电，吊钩上如有物件，应在下方设置隔离区，做好标示，禁止人员通过。

项目八　特种设备管理

1　项目简介

加强对特种设备的有效管理和安全监察，防止和减少事故，保障储气库安全和正常生产。

2　管理内容及要求

2.1　特种设备范围

储气库特种设备包括压力容器(含气瓶)、压力管道、站场内机动车辆、起重机械等及其安全附件、安全保护装置。

2.2　特种设备设计、安装、验收、投产

（1）必须委托经国务院特种设备安全监督管理部门许可的单位进行特种设备的设计、制造，符合条件的方可签订合同；对于撬装等整体装置的采购，如装置内含有特种设备，

应对特种设备的分包商资质进行审查。

（2）特种设备到货应严格按照国家相关安全技术监察规程进行验收。

①设备是否满足国家安全技术规范和标准的各项规定要求。

②设备是否附有安全技术规范要求的设计文件、产品质量合格证明、安装及使用维修说明、监督检验证明等。

③特种设备安装项目主管部门必须委托经国务院特种设备安全监督管理部门许可的单位进行特种设备安装。

④特种设备在安装之前项目主管部门应组织施工单位办理地方特种设备安全监督管理部门的施工许可。

⑤特种设备安装项目主管部门应对特种设备的安装施工进行严格管理，并建立特种设备的出厂、施工资料，项目预验收30日内应向项目所在管理处提交整套特种设备技术资料。

2.3　特种设备的使用登记

（1）特种设备投入使用前，使用单位应当核对其是否附有安全技术规范要求的设计文件、产品质量合格证明、安装及使用维修说明、监督检验证明等。在特种设备投入使用后30日内，项目所在管理处须向当地直辖市或设区的市特种设备安全监督管理部门办理注册登记手续。否则，不得使用。

（2）特种设备出厂铭牌、注册铭牌应裸露，不得涂漆、损坏，且固定在设备显著位置上。

2.4　特种设备的运行、维护

（1）指定具有特种设备专业知识、熟悉国家相关法规、标准的工程技术人员，负责特种设备的安全技术管理工作。

（2）健全特种设备安全管理制度和岗位安全责任制度。

（3）加强对特种设备的使用与管理工作，对在用特种设备进行经常性的日常维护保养，并定期自行检查。

（4）制定特种设备的事故应急措施。

（5）在特种设备投入运行之前，各站场应组织特种设备作业人员，按照国家有关规定参加特种设备安全监督管理部门的培训和考核，取得国家要求的特种作业证书，方可从事相应的作业或者管理工作。

（6）特种设备的运行维护要严格按照相关设备操作规程执行。在用特种设备的安全附件、安全保护装置、测量调控装置及有关附属仪器仪表按照相关专业管理的规定进行定期校验、检修。

（7）公司主管部门对在用特种设备应当至少每月进行一次自行检查，并做好记录。

①设备及附属装置是否存在跑、冒、滴、漏情况。

②设备外表防腐、传动机构润滑是否良好。

③设备各紧固部位是否牢固。

④设备安全附件、安全保护装置、测量调控装置及有关附属仪器仪表是否完好。

⑤设备电气装置是否完好，电气接线、设备接地是否牢固。

（8）对在用特种设备开展自行检查和日常维护保养时发现异常情况的，对于一般问题，现场维护人员应立即解决处理。如发现特种设备出现故障或影响安全运行的异常情况，立即组织对特种设备进行检查和维修，在消除事故隐患后，方可重新投入使用。对特种设备的运行故障和检查维修应做好记录。

（9）对在用特种设备的安全附件、安全保护装置、测量调控装置及有关附属仪器仪表应进行定期校验、检修，并做好记录。

（10）气瓶的操作和维护。

①各站场应指定专人负责气瓶管理工作，对气瓶的检查、使用、维护保养及储存等工作全面负责。

②气瓶的存储、搬运、操作应严格按照相关操作规程执行。

③在不影响正常生产的前提下，各站场应评价所需存储气瓶的最小量，尽可能少存。各站场明确各自的气瓶存储区域，有分析小屋的站场禁止在分析小屋内存放气瓶。

④根据储存间内存放的气瓶种类，配备合适的灭火器材。

（11）各站场应建立特种设备安全技术档案。对特种设备还应逐台进行编号（安装地点自编号）。包括：

①特种设备使用登记台账、特种设备登记表。

②特种设备的设计文件（图纸）、制造单位、产品质量合格证明、使用维护说明、使用登记证等以及安装技术文件和资料。

③特种设备的定期检验和定期自行检查的记录。

④特种设备的日常使用状况记录。

⑤特种设备及其安全附件、安全保护装置、测量调控装置及有关附属仪器仪表的日常维护保养记录。

⑥特种设备运行故障和事故记录。

（12）在使用中如发现特种设备存在问题，对安全使用可能造成危害，必须停止使用，待检修检验合格后方可使用；对特种设备安全监督管理部门认定的有安全危险的设备，禁止任何人强制操作人员进行操作，否则将承担相应责任。

2.5 特种设备检验

（1）特种设备检验是一项强制性检验工作。对清理易燃、易爆、有毒、有害介质的特种设备，必须制定可靠的安全措施；进入设备内部清理、检验时，应严格按照进入受限空间作业规定进行管理。

（2）必须委托具有国家特种设备检验资质的单位进行特种设备检测，检测单位制定特种设备检验作业方案，各站场做好现场特种设备检验的辅助配合工作。

（3）特种设备检验结束收到检验报告之后，各站场应将检验数据和结果统一纳入特种设备安全技术档案中。

（4）未经定期检验或者检验不合格的特种设备，不得继续使用。

（5）如根据检验结果，特种设备安全状况等级发生变化或其他需要更换使用登记证时，公司主管部门应在30日内到原特种设备登记机关办理变更登记和换证手续。

（6）对各站场需要提前检验的特种设备，应以书面形式向公司主管部门提出申请，经审核批准后统一安排检验。

（7）因特殊情况不能按期进行检验的特种设备，使用单位必须说明理由，并提前3个月提出申请，公司相关部门审核同意后，报地方特种设备安全监督管理部门批准方可延长，延长期限一般不超过12个月。

（8）停用一年以上重新启用的特种设备，使用单位应以书面形式向公司主管部门报告，由检验单位检验合格后方可投用。严禁使用超过有效期的特种设备。

（9）压力容器检验按照《压力容器安全技术监察规程》规定，分为外部检查、内外部检验及耐压试验。

（10）特种设备检验周期按以下规定执行。

①在用压力容器首次投运后3年内进行全面检验，根据上次检验报告确定下次全面检验时间；每年进行一次外部检验。

②站场氮气瓶、氧气瓶及天然气标样气气瓶每3年检验一次，对库存或停用周期超过校验周期的气瓶，在启用前应进行检验，在使用过程中若发现气瓶有严重腐蚀、损伤或对其安全可靠性有怀疑时，应提前进行检验。气瓶受到严重撞击后，必须在检验合格后方可再次使用。

2.6　特种设备大修及停用、报废

（1）特种设备大修包括：

①更换、修理压力容器的受压元件。

②更换、修理起重机械影响强度的部件、安全装置。

（2）特种设备大修项目，按照公司相关规定进行审批、执行和验收。

（3）特种设备大修应严格按照国家相关安全技术监察规程和标准执行。

（4）特种设备的大修项目执行前后，各站场应按照国家相关规定进行特种设备大修备案和变更登记等工作。

（5）特种设备大修必须委托具有相关资质的单位进行，满足资质要求方可签订委托合同。

（6）特种设备停用一年以上需要办理报停手续的，公司主管部门应对特种设备进行封存，在封存后30日内向地方原登记机关申请报停。重新启用应经过定期检验，检验合格后向地方登记机关申请启用，办理使用登记证。

（7）在原地方登记机关行政区域内移装特种设备的，公司主管部门应在移装完成后投入使用前向原地方登记机关申请变更登记。属跨原地方登记机关行政区域的特种设备移装，公司主管部门应当向原地方登记机关申请办理注销手续；移装完成后，应在投入使用前或者投入使用后30日内向移装地方登记机关办理变更登记，领取新的使用登记证。

（8）特种设备存在严重安全隐患，无改造、维修价值，或者超过安全技术规范规定使用年限，应及时予以报废，并向原地方登记机关办理注销手续。

2.7　事故管理

（1）特种设备发生事故，使用站场应逐级上报，同时保护好事故现场。

（2）特种设备事故的调查和处理按《事故管理程序》有关规定执行。

单元三 储气库 HSE 管理

模块一 HSE 管理规定

项目一 站场 HSE 管理

1 项目简介

从 HSE 管理角度，对储气库站场的现场布局、标志标识、室内管理、安全附件、安防系统、环境保护、消防管理等做基本要求。

2 管理内容及要求

2.1 现场布局

（1）工艺站场总平面布置利用道路进行功能分区，将生产区与人员休息区分开，人员休息区应建在站场设施的上风侧。

（2）工艺站场与附近工业、企业、仓库、车站及其他公用设施、构筑物的安全距离，应符合《石油天然气工程设计防火规范》（GB 50183—2015）要求。

（3）办公及人员休息区域不应设置在可能泄放气体源全年主导风向的下风处。当位于可能泄放气体源主导风向的下风处时，应采取隔离措施。

（4）工艺装置区与办公区及生活区的安全间距应满足 HSE 要求，充分保证职工健康、安全。

（5）单体建筑安全出口的数量、疏散密度和距离等满足相应的安全疏散要求。

（6）站场场地平整，道路布置满足消防、运输和检修、维修的要求。

2.2 标志标识

（1）在注采站入口处醒目位置设置进站须知牌及安全警示标识，至少包括"易燃易爆场所""禁止穿钉鞋入内""禁止使用非防爆无线通信设备"等内容。

（2）在井场入口处醒目位置设置告知牌，标注应急联系电话。

（3）在注采站内设置安全风险告知栏、站场平面布置图、逃生路线图，在各岗位设置风险告知卡、作业风险比较图，在生产现场设置操作要点安全提示牌，在压缩机房设置噪声警示标识及职业危害因素公告栏。

（4）在危险废弃物贮存间外标注危险废物标签、标识牌。

（5）在废气排放口、噪声排放口、污水排放口等设置环境保护图形标志及标识牌。

（6）配电场所、设备设施应有"高压危险"和电压等级标识，配电室门前应悬挂"非工作人员禁止入内"标志牌，入口处应有挡鼠板。

（7）站场内道路应有交通标志和标线。

（8）消防疏散通道标识应在站场消防车道醒目位置进行标注。

（9）应在现场醒目处展现安全环保文化宣传标志。

（10）在关键设备、特殊阀门等重要操作位置宜设置提示标志。

（11）在可能发生氮气泄漏的场所悬挂安全警示标识。

（12）现场压力容器、起重机械等特种设备应按《特种设备使用管理规则》（TSG 08—2019）规定，在显著位置悬挂或固定"特种设备使用标志"，无法悬挂或固定时，应将使用登记证编号标注在特种设备铭牌或其他可见部位。

（13）生产设备、阀门、地面管线及其他设施的涂色、流向、标识等应符合《石油天然气工程管道和设备涂色规范》（SY/T 0043—2020）要求，且配有运行状态标识。

（14）闲置或报废设备、管线应挂牌标识，标识应协调、统一。

（15）生产区和辅助生产区应设明显的分界线和标志，生产区应设置逃生通道标识。

（16）现场有多个警示标识在一起设置时，应按警告、禁止、指令、提示类型的顺序，先左后右、先上后下排列。

（17）装置和系统检修时，损坏的标志应及时恢复到位。

（18）注采站及井场应有色彩醒目的风向标。

（19）现场设备设施的压力计、液位计等应结合运行参数标注高、低警示线。

（20）施工现场应设置警示牌、警戒隔离、风险告知牌、逃生撤离路线图等。

（21）施工现场应配备救生设施和应急救援器材。

（22）施工现场物料应按要求分区域堆放整齐、稳固。

（23）存在能量或危险物质意外释放可能导致中毒、窒息、辐射、触电、机械伤害的设备设施应采取能量隔离并挂牌上锁。

2.3 室内管理

储气库注采站内设有综合用房、压缩机房、消防泵房、危险废弃物贮存间、润滑油房等，管理应满足以下要求。

（1）各室干净整洁，布局合理，物品摆放整齐，电器设备、线路规范，无违规危险品储藏。

（2）中控室内 HSE 责任制、流程图、巡回检查路线图及基础安全管理制度应挂墙，流程图与现场吻合，地面地下管网、电缆走向绘制正确、无遗漏，字迹规范，悬挂整齐。

（3）中控室应通信设施良好、联络畅通，站控系统、安全系统、视频监控系统应有专人维护，对报警信息进行正确处置，ESD 触碰按钮保护罩应完好无损。

（4）综合用房、机柜间、变电所、压缩机房等应配置灭火器，其规格、类型应符合设计要求，不得擅自改变。

（5）压缩机房需保持良好通风，相关操作规程、巡检安全规定、维护保养安全规定、润滑图表等应挂墙。

（6）工具间应保持整洁、卫生、通风良好；货架摆放整齐、合理，取放工具物料方便、高效，通道合理畅通；不得存放易燃、有毒、腐蚀性物品。

（7）杂品间不应设置电气线路。

（8）消防泵房泵与电机联轴器应配有安全防护罩。

2.4 安全附件

分离器、分液包、缓冲罐、重沸器、吸收塔、凝析油储罐、三甘醇储罐等应设置安全附件，并按照以下要求维护管理。

(1)安全附件主要包括但不限于安全阀、压力表、温度计、液位计、报警装置、阻火器、燃烧系统安全设施等。

(2)安全附件应定期检定，不应超期使用。安全阀、温度计、液位计、报警装置应每年检定一次，压力表应每 6 个月检定一次。

(3)安全附件应能正常运行，无法正常运行时应及时修复或更换。

2.5 安防系统

储气库现场安防系统包括视频监控系统、周界防范系统、门禁系统、防冲撞装置系统、电子巡更系统等，在运行过程中重点关注以下内容。

(1)视频监控无障碍物遮挡，主体图像清晰、标识位置准确、信息传输正常，出现异常时应在半个小时内检查处理。

(2)当视频摄像机覆盖范围内有施工作业时，应优先调整至施工区域监控。

(3)留存视频影像资料，其中许可作业相关视频图像信息在作业周期完工后至少保存 7 天，防范恐怖袭击重点目标的视频图像信息保存期限不少于 90 天，其他目标的视频图像信息保存期限不少于 30 天。

(4)定期检测。确保周界入侵报警系统与视频监控系统实现报警联动。

(5)定期试用。确保防冲撞设施、门禁系统等完好。

(6)现场配有棍棒、钢叉等护卫器械，安保相关人员会使用相应护卫器械与设备。

(7)对进入现场的人员、设备设施、用料进行安全检查和登记。

2.6 环境保护

环境保护工作应贯穿现场生产各环节，对噪声、污水、污油、危险废弃物、生活垃圾等污染物进行规范管理。

(1)现场噪声防治应符合《工业企业厂界环境噪声排放标准》(GB 12348—2008)的有关规定。

(2)配合专业监测单位定期对现场进行环境监测，突发环境事件发生后应及时安排环境应急检测。

(3)生产及作业过程产生的污水由依托的采油厂进行处理后回注，污油密闭运送至天然气处理厂等单位进行处理。

(4)废润滑油、废三甘醇、废变压器油等危险废物临时贮存满足《危险废物贮存污染控制标准》(GB 18597—2023)要求，并及时妥善处置。

(5)及时妥善清理储气库现场遗留的油渍及其他污染物。

(6)施工过程由施工单位负责清理污染物，属地单位履行监管责任。

2.7 消防管理

储气库的消防管理依托于就近的应急救援大队，并按以下要求做日常管理工作。

(1)消防泵房应设置有操作规程及"噪声有害"等安全警示标识。

(2)消防水泵应设双动力源。采用柴油机作为动力源时，柴油机的油料储备量应能满足机组连续运转 6h 的要求。

（3）消防水泵应保养完好，出口阀门灵活好用；每周应试机试泵一次，时间不少于15min；定期填写消防泵运行记录。

（4）消防水系统应有防冻措施；室外灭火器有遮阳措施。

（5）每半个月应检查一次现场配备的灭火器材，确保数量齐全，无老化、破损，灭火器压力正常。

（6）消防通道完好、畅通。

（7）火灾联锁报警装置应设置在中控室内，24h 值守，并实现电动阀的远程控制和联锁功能，定期检查联锁报警控制系统是否完好，及时处置报警信息。

2.8　防雷、防静电管理

2.8.1　防雷保护措施

（1）储气库现场对建筑物、生产装置、电子信息系统的防雷设施的配备与技术措施应符合《建筑物防雷设计规范》（GB 50057—2019）、《石油化工装置防雷设计规范》（GB 50650—2011）、《建筑物电子信息系统防雷技术规范》（GB 50343—2019）相关要求。

（2）压缩机房、空冷器间、变电站、中控室区按照第二类防雷建筑物设计；其他按第三类防雷建筑物考虑。防直击雷措施采用装设在建筑物上的避雷带。

（3）工艺装置区的设备及管架、管道的防雷保护执行《石油天然气工程设计防火规范》（GB 50183—2015）。站外火炬（放空管）设置阻火器并利用本体作防雷接闪器，站内工艺设备及工艺管廊均利用本体作防雷接闪器。

（4）电子信息系统的防电涌保护措施。信息设备采取外部防雷和内部防雷综合保护，电源进线低压侧加装第一级保护的并联型电涌保护器；自控、通信设备前端的电源配电箱、UPS 装置等加装第二级保护的并联型电涌保护器；自控、通信等电子设备电源进线处加装第三级保护的串联型电涌保护器；进出建筑的信号线路用作防雷，设备内部有防过电压措施（设备自带）。

2.8.2　防静电保护措施

（1）静电接地装置的选择、连接方式及连接要求应符合《防静电安全技术规范》（SY/T 7385—2017）的相关要求。

（2）站内管线的始、末端，分支处以及直线段每隔100m 处，设置防静电、防感应雷的接地装置。

（3）站场内管道、设备、金属导体等均做防静电接地，工艺装置和电气设备的防雷接地可兼作防静电接地。

（4）管道的法兰（绝缘法兰除外）、阀门连接处，采用导线跨接。管道法兰跨接线的连接应符合《压力管道规范　工业管道》（GB/T 20801—2020）的要求。

（5）注采站、井场、工艺区、压缩机房、空冷器间、放空管、火炬区等出入口应设置静电释放装置。

（6）机柜间内防静电活动地板应可靠接地，定期检查地板完好情况。

（7）使用电焊机作业时，接地引下线桩头应压接牢靠，有效接地。

（8）根据《油（气）田容器、管道和装卸设施接地装置安全规范》（SY/T 5984—2020）中3.3 要求，立式和卧式金属容器至少应设有两处接地，接地端头分别设在卧式容器两侧封头支座底部及立式容器支座底部两侧地脚螺栓位置，接地电阻不应大于10Ω。

(9)站场内的工作接地、保护接地、静电接地和建构筑物的防雷接地采用统一的接地系统，接地干线采用锌包钢圆线，接地极采用锌包钢接地极，接地电阻不大于 1Ω。站外放空管单独做环形接地，接地电阻不大于 10Ω。

项目二 人员 HSE 管理

1 项目简介

本项目对储气库运行相关人员的健康管理、持证管理、HSE 履职能力要求等做出基础的规范要求。其中，人员健康管理规定是指为确保储气库运行平稳，拟上岗人员身体健康状况应满足的条件，以及为保障员工健康权益应有的管理措施。人员持证要求是指在与 HSE 管理紧密相关的各岗位必须持有方可达到上岗条件的各类证件。领导干部 HSE 履职能力是指 HSE 领导力、风险控制能力、HSE 技能和应急指挥能力。岗位人员履职能力是指满足各岗位需求的 HSE 相关业务能力。

2 管理内容及要求

2.1 员工健康管理要求

(1)建立岗位员工健康管理档案。

(2)注采站站长、运行操作人员不应有噪声职业禁忌证。

(3)高血压、脑卒中、器质性心脏病、体重指数超标及职业禁忌等人员应纳入健康高危人员进行重点关注管理。

(4)定期对现场开展职业病危害因素监测并评估结果，对超标结果采取治理措施并加强个体防护和现场管理。

(5)现场人员应正确穿戴和使用劳动防护用品。操作人员进入压缩机房，应戴防护耳器。

(6)用人单位应统筹健康体检，每年安排员工接受一次综合的健康检查。接触职业病危害因素人员上岗前、在岗期间、离岗时均应接受职业健康体检。对有职业禁忌证的员工，及时调整禁忌作业和相应岗位。对疑似职业病人员及时安排诊治。

(7)督促存在较大健康风险的患者及时复诊，不宜安排其从事重体力劳动强度、连续加班等易诱发疾病发作的作业，不宜安排有明显心脑血管疾病的员工单独值班。对可能影响到生产安全和人身安全的患者，应及时调离原工作岗位。

(8)关注员工心理健康，采用员工帮助计划(EAP)等引导、帮助员工提升心理健康素养水平，减少心理相关疾病发生。

(9)结合生产实际组织员工开展文体娱乐、业余健身活动。

2.2 人员持 HSE 类证件要求

(1)从事储气库各相关工作的管理人员和操作人员，参与各项施工和改造的各单位施工人员，一律实行持证上岗制度，并按时参加换证培训。

(2)各级 HSE 关键岗位人员应取得 HSE 资格证。

(3)主要负责人、安全生产管理人员应取得"安全生产知识和管理能力考核合格证"，并接受继续教育培训。

(4)电工、焊工、高处作业工等特种作业人员应接受专门的培训，取得"特种作业操作证"。

（5）压力容器（含气瓶）、压力管道巡检维护、起重机械、场（厂）内专用机动车辆等操作（作业）人员及相关管理人员应接受专门的培训，取得"特种设备安全管理和作业人员证"。

（6）污油装卸押运人员应经政府交通运输主管部门培训考试合格，并取得从业资格证。

（7）自动消防系统操作人员应接受专门培训，取得"消防设施操作员证"。

（8）油气勘探开发生产、涉硫作业相关管理、技术及操作岗位人员按要求参加相关培训，取得"井控培训合格证""硫化氢防护技术培训证书"。

（9）许可作业等高风险作业相关人员应根据企业要求，通过相应培训或取得相应证件后方可上岗。

（10）鼓励员工考取国家注册安全工程师、注册消防工程师等资格证书。

2.3　HSE 能力要求

采取培训、宣贯活动等手段，确保各级领导干部、专业技术人员、操作人员满足相应的 HSE 履职能力要求。

2.3.1　领导干部 HSE 履职能力

领导干部的履职要求应符合《职业健康安全管理体系　要求及使用指南》（GB/T 45001—2020）中"领导作用和承诺"的 13 条要求，从 HSE 基本能力、HSE 领导能力、风险管控能力、应急处突能力 4 个维度建立领导干部安全履职能力和尽职评估标准，每年组织履职能力评估，科学客观评价领导引领力。

（1）HSE 基本能力。

① 岗位职责：熟悉岗位 HSE 职责。

② 法律法规：熟悉 HSE 法律法规。

③ 岗位知识：熟悉生产技术过程危害及其后果。

④ 岗位技能：掌握风险控制工具和方法。

（2）HSE 领导能力。

① 理念理解：HSE 方针目标、政策理解。

② 组织策划：具备认识短板、策划 HSE 工作的能力。

③ 体系运行：熟悉本单位 HSE 体系运行情况。

④ 决策执行：掌握决策、沟通和激励等方法。

（3）风险管控能力。

① 事故管理：了解相关事故主要原因。

② 隐患动态：了解重大隐患及控制措施。

③ 行业标准：掌握与行业或专业高标准的差距。

④ 潜在风险：具备识别人的不安全行为及其后果影响的能力。

（4）应急处突能力。

① 突发事件：熟悉突发事件及防控方法。

② 应急准备：熟悉应急预案及资源保障。

③ 应急响应：具备快速响应的能力。

④ 危机管理：具备控制事故态势恶化的意识和能力。

2.3.2 专业技术人员 HSE 能力要求

（1）熟悉储气库专业技术知识和技能操作要点。

（2）具有 HSE 管理意识及风险管控、隐患排查能力。

（3）掌握储气库专业技术、生产工艺及消防、设备设施、施工监护管理等基本知识。

（4）掌握天然气注采过程、辅助生产过程及检维修环节风险管控和现场应急处置能力。

（5）具备一定的组织、协调、沟通能力和较强的执行能力。

2.3.3 操作人员 HSE 能力要求

（1）了解储气库生产工艺流程和天然气注采技术知识。

（2）掌握消防、安全等基础知识，达到初级集输工或采气工技能操作水平。

（3）熟悉本岗位操作规程，会正确操作生产设备设施及业务所涉及的工（用）具。

（4）掌握生产过程中本岗位涉及的危险有害因素、风险识别和异常情况处理。

（5）掌握本岗位应急处置措施。

2.4 基层员工安全教育培训

2.4.1 在岗培训

按照"五懂五会五能"要求落实安全培训，突出岗位员工基本功训练。

（1）应制订业务培训计划，建立培训矩阵，按计划组织岗位人员开展业务培训，每月培训不少于 2 天，每天 2 个学时，可采用基层单位集中培训与班组集中学习的方式组织开展。

（2）培训内容包括但不限于操作规程、工艺运行参数、异常情况判断、安全环保风险辨识、应急处置措施、相关法律法规、相关标准条款等，定期抽查培训效果。

（3）出现生产异常及事故事件后，应及时安排相关培训。

（4）对新技术、新工艺、新设备、新材料的应用，及时安排相关培训。

（5）班组长在岗安全培训时间每年不少于 24 个学时，其他员工在岗安全培训时间每年不少于 20 个学时。

2.4.2 "周一" HSE 活动

应利用"周一" HSE 活动组织培训。

（1）传达上级有关 HSE 工作的指示、文件及会议精神。

（2）总结上周 HSE 工作情况，部署本周 HSE 重点工作。

（3）开展事故案例分析与风险经验分享活动等。

2.4.3 上岗、转岗培训

（1）各类新上岗员工进行强制性"三级"（厂级、基层级、班组级）培训，分别不少于 24 个学时、32 个学时、16 个学时，每年再培训时间不少于 20 个学时。在确保其具备本岗位安全操作、自救互救及应急处置等所需的知识和技能后方可安排上岗作业。

（2）因工作调动、转岗、外借及其他原因脱离岗位 12 个月以上者，应进行基层级、班组级安全培训（分别不少于 32 个学时、16 个学时），经考核合格后安排上岗。

（3）特种作业人员离岗 3 个月，应经培训考核合格后上岗。

项目三　安全生产监督管理

1　项目简介

依据《中华人民共和国安全生产法》及中国石化集团公司 HSE 管理体系要求，立足于强化"三基"和标准化建设等基层 HSE 工作，建立完善安全生产管理相关制度，规范 HSE 组织机构、资源投入、领导引领力落实、基础 HSE 记录文件、作业文件等。加强基层建设、夯实基础工作，强化员工的基本功训练，推行基层管理标准化、岗位操作标准化、作业环境标准化。

2　管理内容及要求

2.1　HSE 管理机构及人员

(1)企业成立 HSE 委员会，设置安全环保管理部门并配备生产安全、交通安全、消(气)防安全、公共安全、职业卫生、环境保护等管理或专业技术人员，且按照不低于从业人员人数 2% 配备专职安全管理人员。

(2)环保管理人员、安全管理人员需专职，职业卫生、节能与低碳、质量、标准化、计量主管人员可兼职，另外需设置专职人员负责 HSE 督查。

(3)基层单位应建立 HSE 领导小组，由基层领导、各专业人员及班组长组成。基层主要负责人直接负责 HSE 工作，基层专业技术人员承担专业安全管理职责。

(4)义务应急队伍应包括管理、技术和操作人员，基层主要负责人担任队长。

(5)应确保 HSE 信息和管理要求传达到基层，基层信息能得到有效反馈。

2.2　基层 HSE 制度

基层单位应至少执行或建立以下 HSE 制度。

(1)《HSE 管理体系手册》。

(2)全员安全生产责任制。

(3)生产安全风险分级管控和隐患排查治理双重预防机制管理办法。

(4)HSE 教育培训管理办法。

(5)消防安全管理办法。

(6)环境保护管理办法。

(7)员工健康管理办法。

(8)应急管理办法。

(9)生产安全事故事件管理及责任追究办法。

(10)承包商安全管理办法。

2.3　基层 HSE 记录

基层单位应至少有以下 HSE 记录。

(1)班组 HSE 工作记录。主要包括操作和检维修活动的风险识别与防范措施等内容的班前讲话，发现问题和整改情况的班前、班中检查及班后小结、安全分享等。

(2)岗位值班记录。主要包括设备设施、工(用)具使用等方面情况及存在的安全环保隐患进行交接的记录。

(3)领导安全承包检查记录。

(4)应急演练记录。

(5)施工监护记录。

(6)安全培训档案和记录。

2.4 基层干部值班、带班、盯现场管理

2.4.1 干部值班

(1)实行 24h 干部值班制度。

(2)值班人员应 24h 坚守岗位，保持个人电话及值班电话畅通。

(3)严禁擅自脱岗、离岗和酒后上岗。

(4)按时到岗，严禁擅自调班。

(5)按要求进行岗位巡查。

(6)按要求填写值班记录。

(7)发生突发事件，应第一时间进行现场处置，逐级汇报，严禁瞒报、迟报、漏报。

2.4.2 干部带班、盯现场

干部带班、盯现场时，应按要求填写相关 HSE 记录。在下列任一情况下，应落实干部带班、盯现场制度。

(1)"两特两重"时期。

(2)高风险作业环节，主要包括特级用火、一级起重、Ⅳ级高处作业、无氧作业、情况复杂的进入受限空间作业等。

(3)外来施工作业。

(4)交叉作业。

(5)恶劣天气作业。

(6)注气、采气安全条件确认。

(7)储气库年度检维修期间。

(8)工艺流程试压、投用等作业。

(9)压力容器和储罐的投运、停运等作业。

(10)重点设备设施的检修、维修、保养、更换等作业。

(11)其他需要干部盯现场的作业。

2.5 交接班

带班领导应在现场交接班，严禁用电话或短信交接班，交班人员要认真、如实介绍当班现场作业安全状况、设备运转情况、有无安全隐患、下一步可能发生问题，以及处理意见和注意事项等，防止因交接班不清而导致工作失误或诱发事故。

项目四 直接作业管理

1 项目简介

严格落实集团公司许可作业"7 + 1"管理制度要求，严格高风险作业环境的安全管控。

2 管理内容及要求

2.1 基本要求

(1)采取切实有效的技术和管理措施，从源头上减少用火、进入受限空间等高风险特殊作业数量。

(2)对交叉作业数量及人数进行有效控制。

（3）针对作业实际进行风险辨识、JSA 分析，严格落实管控措施。

（4）明确非常规作业的范围，并通过完善操作规程、改善设备设施、优化工艺流程等手段，减少本单位的非常规作业。

（5）对高风险"双边"作业（边生产边施工作业）进行统筹控制，实施作业报备，严抓高风险作业环节安全管控。

2.2　作业许可管理注意事项

（1）在危险爆炸区域施工作业，应使用防爆工具和通信设备。

（2）按照中国石化作业许可管理要求，涉及特殊作业和一般作业的，应按要求办理相关作业许可后进行施工；推广使用电子作业许可证；作业许可证按要求归档管理。

（3）特殊作业及危险性较大的施工现场必须实施全程视频监控，对许可作业现场审批全程进行视频监控，并传输至监控中心，开展实时监控，对违章行为做到实时纠正。

（4）由许可作业开票人在许可证签发前组织落实 JSA 分析、安全交底、风险防控措施确认，指定交叉作业现场协调负责人。

（5）监护人应履行作业许可管理制度中明确的通用职责，并做到以下要求。

①熟悉现场生产，了解施工作业对生产运行的影响。

②参加作业前的安全教育，详细了解作业内容、作业部位及周围情况、作业安全措施、危险因素和安全注意事项。

③作业前确认与作业风险相匹配的应急处置物资处于完好备用状态。

④根据风向变化、施工机具的位置变动等及时调整监护站位，确保自身安全。

⑤用火作业前重点检查系统置换、隔离、周围易燃物的清除及消防器材等的落实情况，随时扑灭用火过程飞溅的火花。现场备用的消防水管、蒸汽（氮气）、灭火器材不准挪作他用，发生意外火险时应迅速组织扑救，并及时向现场负责人报告。

⑥作业前与作业人员统一联络信号，作业过程中随时保持与作业人员及现场负责人的联系。

⑦进入受限空间作业前重点检查置换、通风、电源有效切断、安全照明和防护措施等的落实情况，并时刻了解作业人员情况。

⑧高处作业前重点检查安全防护用品、安全带系挂点、脚手架跳板搭设绑扎等是否符合安全要求，作业过程中关注人员健康状况。

⑨起重作业前重点检查安全警戒标志、现场环境及机具旋转等情况。

⑩盲板抽堵作业前重点检查作业点周围环境及防护措施的落实情况。

⑪设备检修作业前重点检查安全防护措施、设备清洗置换、断电验电等的落实情况。

⑫作业过程中出现异常情况需救援时，必须在做好自身防护、清楚受限空间内情况，并有其他人在外看护、联络的情况下进行施救。

⑬坚守岗位。确需离开时需经现场负责人同意，暂停作业或由其他人员代为监护，并向代理监护人交代好作业内容、安全措施、危险因素和安全注意事项；代理监护人需进行作业许可签字确认。

⑭监护人所在位置应便于观察作业人员作业情况，发现异常情况或对作业人员的人身安全有威胁的危险情况，应立即通知停止作业，迅速组织人员撤离现场，及时联系有关人员采取措施。

⑮如遇生产故障、危化品排放等紧急情况，要迅速通知作业人员撤离。

⑯作业完成后，作业监护人协助作业人及作业申请人，对作业现场进行清理，确认无遗留隐患后方可离开现场。

项目五　承包商监督管理

1　项目简介

建设单位作为建设项目的总集成者，对承包商项目的安全管理有重大的影响力。为抓好承包商安全管理，中国石化集团公司提出了"以我为主、强势管理""没有强大的甲方就没有合格乙方""承包商问题就是甲方问题"的理念。建设单位应在项目实施过程中严格履行安全管理主体责任，强势占据主导地位。

在储气库建设及运行过程中，应明确承包商 HSE 管理责任，强化全过程监督，促进承包商实现自助管理。

2　管理内容及要求

2.1　承包商管理"十个必须"

(1)各单位"一把手"必须将承包商安全管理作为"一号风险"承包，组织召开承包商专题会议，建立承包商安全管理工作清单、责任清单和任务清单。

(2)油田业务部门必须严格承包商市场准入、安全资质和业务能力审查。

(3)业务部门(单位)在招标过程中必须确保安全保证措施所占分值不低于技术标总分值的 25%。

(4)建设单位必须与承包商签订安全生产管理协议，严格审查施工方案，与承包商共同编制安全技术措施，向技术人员进行安全技术交底。

(5)建设单位必须根据项目实际对承包商所有施工人员开展入场(厂)安全培训，对入场施工机具进行查验。

(6)承包商的管理、技术、特种作业人员及方案、设备设施、工艺等发生变化必须严格履行变更程序。

(7)外部承包商"三类人员"(项目经理、安全负责人、技术负责人等管理人员)必须经过中国石化认可的培训机构进行安全培训，并取得培训合格证书；必须在现场带班，作业前必须开展危害识别，落实"双监护"和视频监控；特殊作业、高风险的非常规作业等许可作业的承包商视频信号必须接入油田视频监控系统，其他作业可视情况布置移动式或便携式监控设施。

(8)建设单位必须将所有承包商的施工风险纳入月度施工风险进行承包，开展日常检查，对查出的违章行为必须从严惩处。

(9)业务部门(单位)必须将承包商安全业绩作为市场准入的必要条件，年底根据安全业绩评价结果必须实行末位淘汰。

(10)承包商发生生产安全责任事故的，必须对承包商和业务部门、建设单位进行双问责。

2.2　承包商管理"十个一律"

(1)"一把手"未承包承包商安全管理风险，未组织召开承包商专题会议，未建立工作清单、责任清单和任务清单的一律纳入 HSE 考核并加倍记分。

（2）承包商资质不合格、安全能力、业务能力达不到要求的一律不准进入油田市场。

（3）招标过程中安全保证措施所占分值达不到要求的一律废标。

（4）安全生产管理协议未签订、施工方案未审批、安全技术措施没有针对性、安全技术交底未开展的一律不准施工。

（5）承包商施工人员未进行安全培训、进场机具设备查验不合格的一律不得进入施工现场。

（6）承包商管理、技术、特种作业人员及方案、设备设施、工艺等擅自变更的一律停工，对承包商及建设单位相关责任人记分问责。

（7）承包商管理人员人证不符、不在现场带班、安全管控措施不落实、许可作业未进行"双监护"和视频监控的一律停工。

（8）对查出的承包商问题一律采取记分、约谈、停工整顿、清退等方式进行处理，查出严重违章行为要对承包商及人员、建设单位责任人加倍记分。

（9）承包商安全业绩不合格的一律列入黑名单，不得进入油田市场。

（10）承包商发生生产安全责任事故一律提级问责，轻伤事故按照重伤事故、重伤事故按照一般事故、一般事故按照较大事故进行处理，追究承包商和业务部门、建设单位"一把手"和相关人员责任。

2.3 开工前安全准备

（1）对施工人员做好安全教育，实施承包商全员实名制管理。

（2）手续不齐全的不准进站施工，手续应包括：

①HSE 协议。

②特种作业人员及特种设备人员操作证。

③安全管理人员资格证。

④许可作业监护证。

⑤施工人员健康状况符合安全施工要求。

⑥施工组织设计及应急预案。

⑦项目开工安全许可证。

2.4 开工管理内容

2.4.1 编制方案

（1）项目应编制施工方案，经建设单位审查确认。

（2）检维修安全技术措施或专项施工方案由建设单位、承包商双方共同编制，应经过监理单位审查、建设单位批准。

2.4.2 安全技术交底

（1）建设单位现场技术人员向施工单位技术人员、施工单位技术人员向施工作业班组和施工人员做出详细说明，并由双方签字确认。

（2）建设工程安全技术交底按照基建设备部有关规定执行。

① 交底应按照施工环境、条件、工序等分部分项进行，要明确危险因素及控制措施、操作规程和应急措施。

② 应根据施工进度持续动态辨识安全、环境、质量风险，及时进行专项安全交底。

2.4.3 现场确认

进场机具、设备应由监理检查、验收，确认合格后张贴标识(没有监理的项目，由建设单位组织进行)。

2.4.4 现场标准

现场 HSE 标准化工地建设工作、环境污染防治措施等应符合合同的约定。

2.4.5 应急预案

(1)结合项目实际制定应急处置方案，与建设单位应急预案有效衔接，并适时开展联合演练。

(2)在自然灾害敏感区域施工的，制定预防自然灾害安全措施。

2.4.6 风险告知

(1)在施工现场设置安全风险及职业危害告知牌，公布项目存在的安全风险及职业病危害因素、防护措施。

(2)在施工现场的危险部位按要求设置各种警示标识。

2.4.7 开工手续办理

(1)开工申请。具备开工条件后，承包商向建设单位项目管理部门负责人提出开工申请。

(2)现场验证。建设单位组织监理、属地等对开工许可内容进行现场验证，符合开工条件后，办理开工手续。

(3)紧急抢修。紧急抢修的临时工程项目，可不办理开工许可，但应启动应急预案，由建设单位业务主管部门组织对施工安全措施进行审定。

(4)停工复工。停工项目复工时应执行新开工项目审查程序。

2.4.8 现场安全管理

(1)施工过程中要按照施工工序施工，严格落实各项安全技术措施、环境污染防治措施、质量保证措施。

(2)施工现场应实行封闭式管理，所有人员和车辆进出现场大门必须持有有效证件。施工现场无法做到封闭式管理的，应设置警示带，划定警戒区，杜绝闲杂人员和无关车辆进出。

(3)承包商人员应在建设单位相关人员带领下进入生产厂区指定位置作业；监护人员不在现场，不得施工；未经许可不得擅自进入其他区域和场所；不得擅动建设单位的设备设施。

(4)承包商管理人员应现场带班，现场应成立作业班组(岗位)。

(5)承包商应对作业场所可能产生或存在的职业病危害因素采取预防及控制措施，保证防暑、防寒、防毒、防尘等职业病防护设施正常运行，为施工人员提供符合国家职业卫生标准的工作环境和劳动防护用品，施工人员必须穿戴齐全劳动防护用品。

(6)两个及以上承包商在同一作业区域内作业、可能危及对方生产安全的，建设单位项目管理部门应明确工作边界，协调承包商之间签订安全管理协议，明确各自的安全管理职责和应当采取的安全措施，并指定专职安全生产管理人员进行安全检查与协调。

(7)边生产边施工作业应开展安全风险分析，制定严格的作业程序和防范措施。

(8)安装、拆卸施工起重机械及脚手架等设施，必须编制专项施工方案，经监理单位审查、建设单位批准后严格按照方案执行，经检验合格后办理验收手续。

（9）建设单位安全环保督查人员应对承包商施工现场实施督查，做实作业现场巡检和违章查处，行使处罚权和停工权。

（10）鼓励重点工程建设及大型检修项目实施"第三方安全监督服务"。

（11）建设单位应与承包商建立信息沟通机制、安全例会机制，及时通报安全信息，协调解决施工过程中的安全问题。建立应急联动机制，定期开展联合应急演练。

（12）开工后进行全过程监督管理，重点对以下内容进行监管：①承包商关键人员现场履职情况；②机具、设备安全状态；③许可作业票办理情况；④作业过程安全措施落实情况；⑤监护人员履职情况；⑥由基层单位安全管理人员每天参加施工进站人员安全讲话，带队进站情况；⑦施工物料质量检查、施工质量管控情况。

2.4.9　现场环保管理

（1）项目施工前，承包商应在环境因素识别与风险评价基础上，编制施工现场环境应急预案，并将预案报建设单位备案。

（2）施工现场应制定废水、废气、噪声、固废等污染防治措施，并严格落实到位。

（3）施工工地、拆迁等作业要制定扬尘防控措施，施工过程中严格落实工地周边围挡、物料堆放覆盖、土方开挖湿法作业、路面硬化、出入车辆清洗、渣土车辆密闭运输"六个百分之百"。

（4）制定并落实重污染天气管控措施，按照预警信息级别严格落实工地停工等管控措施。

（5）落实固废产生、收集、贮存、运输、处置全过程监管措施，规范处置施工现场产生的生活垃圾和建筑垃圾。

（6）建设单位应对承包商施工现场进行全程环保监管。

2.4.10　现场质量管理

（1）承包商应明确项目部、班组专/兼职质检员工作职责、工作程序，配备相应质检工（用）具，并定期检验。

（2）承包商应加强施工（作业）过程中各个环节、工序的质量检查（检验），实行班组、项目部分级检查制度，规范并实施检验、记录、签字、验收程序，上一工序质量不合格不得进入下道工序。对于重要工序，施工单位在自检合格的基础上，还应提交监理（监督）检查验收。

（3）隐蔽工程在隐蔽前应通知监理（监督）单位，现场监理（监督）应按照合同规定的程序和时间，及时对工程进行隐蔽前的检查、检验和测量，合格后方可隐蔽。

（4）承包商应定期向承包商专业管理部门、建设单位报告质量管理情况和项目质量状况，提交试验、检查验收材料，并保证材料的真实性、准确性和完整性。

（5）建设单位、承包商应建立不合格控制程序，并按程序加强对不合格的控制。如需让步接收，应同时获得建设方、监理（监督）的批准。

（6）因设计问题或施工人员有合理化修改意见时，需由施工单位提出设计变更申请，建设方批准，经设计人员和审核人员签字后方可生效。

2.4.11　项目竣工验收管理

（1）建设项目安全、职业病防护、消防及环境保护设施验收应按照中国石化集团公司、油田建设项目安全、职业病防护、消防设施"三同时"监督管理办法等有关规定执行。

（2）建设项目安全、职业病防护、消防专项验收，需在地方政府相关主管部门办理登记、备案和验收手续的，应遵照相关规定执行。

（3）承包商负责质量缺陷的处理，应在规定时间和业务范围内完成对缺陷的修补。建设方认为承包商不具备技术、施工能力的，应与承包商进行协商。

（4）对于产品、工程、物资、服务存在质量缺陷，或不符合合同规定的，建设方应拒收，按程序向承包商发出拒收通知并说明理由。

（5）项目按合同规定通过了竣（完）工验收，完成了质量缺陷整改后，建设方才能接收项目，并开展竣（完）工结算。

2.4.12 检查考核

（1）检查、督查。

① 业务主管部门、安全监管部门应对承包商安全管理和承包商施工现场进行 HSE 检查。

② 对发现的隐患，应及时下达"隐患整改通知单"，并跟踪整改情况。发现存在事故隐患无法保证安全或者危及员工生命安全的紧急情况时，应当责令停止作业或者停工。

③ 承包商员工在施工现场存在严重违章行为的，由建设单位按照有关规定将其清出施工现场并记分，同时收回"临时出入证"。

（2）记分考核。

① 落实企业对承包商管理的考核要求。

② 建设单位应对承包商安全业绩进行评价，将评价结果作为是否继续使用的重要依据，并与工程量挂钩。

③ 承包商发生事故的，按照企业生产安全事故管理责任追究及工伤管理办法等有关规定执行。

项目六 双重预防管理

1 项目简介

生产安全风险是安全不期望事故事件概率与其可能后果严重程度的综合结果，风险分为重大风险、较大风险、一般风险和低风险，分别对应红、橙、黄、蓝四种颜色。对于重大风险和较大风险应当采取措施降低风险等级，一般风险按最低合理可行的原则可进一步降低风险等级，低风险应当执行现有管理程序和保持现有安全措施完好有效，防止风险进一步升级。

双重预防管理体系是构筑防范安全事故的前、后两道防火墙。

2 评价管理内容

2.1 第一道防火墙：风险管控

2.1.1 储气库重点安全环保风险

地下储气库是压力升降多周期的注采过程，地面设备设施受循环载荷、交变应力的影响较大。在运行过程中，除了做好日常采气工程相关风险管控，还应通过日常数据监测、分析与查看现场相结合的方法，重点关注以下情况造成的安全环保风险，并积极制定控制措施。

（1）套管维修环节操作失误造成套管或注采井损坏引发泄漏。

（2）地质灾害导致注采井变形损坏，引发泄漏。

（3）固井质量存在问题导致注采井井筒环空压力升高。

（4）地质构造存在断层，或盖层密封失效，导致库内气体迁移至邻近区域，或泄漏至地表。

（5）注气量超负荷，注入气体发生迁移。

（6）脱水装置中的冷却机组失效等引发爆炸。

（7）压缩机组出现漏点引发泄漏、爆炸。

（8）流程切换不当或密封件失效造成高低压窜气。

（9）第三方活动造成的破坏。

2.1.2　安全管理

推行基于风险的安全管理，将风险管控贯穿生产经营过程。

2.1.3　风险评价

定期开展风险评价，评价结果与站控系统逻辑关断值有效关联，确保储气库站控系统发挥最佳安全保障作用。

2.1.4　风险管理目标

（1）通过风险确认与识别，预先发现风险征兆，提前采取必要的预控措施，以达到规避风险、减少损失的目标。

（2）对于已发生的风险，首先通过已有的控制措施予以控制，进而采取补偿措施进行控制，把风险损失降低到最小限度。

2.1.5　风险管控程序

（1）成立风险分级管控组织机构。

①企业是风险识别管控的责任主体，落实从主要负责人到基层员工的风险分级管控责任。

②基层单位应成立风险识别小组，由基层技术人员、管理人员和岗位操作人员组成。

③各级单位应成立风险评价小组，实行组长负责制，组织对已识别出的风险开展风险评价，确定风险等级，制定相应的风险管控措施。

（2）风险识别要求。

①按照《中国石化安全风险评估指导意见》，组织开展各级风险识别和风险评价工作，规范运行中国石化安全风险矩阵和风险评估工作。

②风险识别内容全面、准确且符合实际，包括生产过程安全风险、作业过程安全风险、员工健康风险、公共安全风险、交通安全风险、环境因素和环境风险等。

③基层班组长组织本班组岗位员工对重点工序进行危险源辨识。

④各部门负责人牵头组织本部门，结合本部门重点区域、重点场所、重点环节，以及操作行为、职业健康、环境条件、安全管理等进行专业系统的危险源辨识及隐患排查。

⑤各级负责人围绕人的不安全行为、物的不安全状态、环境的不良因素和管理缺陷等要素，对生产系统、装置设施、作业环境、作业活动等进行全面、系统的危险源辨识。

⑥自下而上开展全业务、全流程的安全风险识别、分析和评价，逐级建立基层单位、二级单位、企业和集团公司四个层级的安全风险清单。安全风险清单应至少包括风险名

称、风险位置、风险类型、风险等级、管控措施及责任人等内容。

⑦安全风险等级从高到低依次划分为重大风险、较大风险、一般风险和低风险四级，分别采用红、橙、黄、蓝四种颜色标示。

(3)落实《中国石化生产安全风险分级管控和隐患排查治理双重预防机制管理规定》(中国石化安〔2018〕268号)，对风险进行分级管控，根据风险总值降低的目标制订年度计划，分级承包风险，明确各风险管控责任人和措施落实责任人。

(4)安全管理部门掌握风险管控进度和风险总值变化情况，并向HSE委员会汇报。按要求对重大安全风险相关信息进行公示，制订管控措施实施进度计划，进行专项检查、挂牌督办和每月跟踪。

(5)风险达到降级或消项条件时，应当办理审批手续，及时降级或消项；对风险值降低的情况进行考核并公示。重大风险降级或消项时应开展评估并形成评估报告。

(6)重大安全风险管控措施。对重大安全风险进行汇总，登记造册，并对存在重大风险的作业场所或作业活动、工艺技术条件、技术保障措施、管理措施、应急处置措施、责任部门及工作职责等进行详细说明。对于重大安全风险应当编制专项应急预案并组织演练。

2.2 第二道防火墙：事故隐患治理

2.2.1 事故隐患管理原则

(1)树立隐患就是事故的理念。积极排查、治理事故隐患，对不能如期治理的隐患按风险管控程序落实防范措施。

(2)以隐患排查和治理为手段，认真排查风险管控过程中出现的缺失、漏洞和风险控制失效或弱化环节，坚决把隐患消灭在事故发生之前。

(3)建立隐患排查治理长效机制，建立和落实隐患排查治理管理制度，保障隐患治理投入，对重大隐患实施重点监管。

2.2.2 隐患排查治理程序

(1)隐患排查。

①企业是隐患排查治理的责任主体，落实从主要负责人到基层员工的隐患排查治理责任。

②采取日常检查、定期检查、专业排查、专项排查和事故类比排查形式，对储气库建设及日常运行开展隐患排查，遇执行标准变化、同类企业发生生产安全事故、极端天气、复工复产及其他应进行专项排查的情况时，及时组织开展隐患排查。

(2)隐患报告。

①基层班组、相关部门对需要资金支持、第三方支持整改的隐患，应及时上报业务主管部门协调解决；内部无法治理的隐患，由业务主管部门及时上报上级单位业务部门。

②隐患涉及相邻地区、单位或公众安全的，应及时报告当地政府，加强沟通协调。

③留存隐患发生、汇报、整改过程相关记录，隐患治理情况记录应当保存3年以上。

(3)隐患治理。

①按照"谁的业务谁负责"和分级治理的原则，一般隐患、较大隐患分别由直属单位或基层单位、油田或直属单位组织治理，重大隐患上报集团公司，落实"五定"要求，进行公示和挂牌督办。

②应充分考虑储气库平衡期，完成整体设备设施、工艺流程、仪控仪表、安防系统等的隐患排查及治理工作。

③储气库隐患治理重点：注采站、井场生产区域布置合规性；注采井、采气井、封堵井井控关键装置；设备(设施)、管道完整性；站内 ESD、SCADA、SIS 及电气、仪表等控制系统的可靠性；安全设施及其附件完好性；环保设施运行稳定性及有效性；压缩机噪声造成的影响；特殊作业、非常规作业；使用前后的润滑油、三甘醇等物料的装卸、储存、运输、处置等；废气、废水排放及固废贮存、处置；土壤、地下水污染及生态损害恢复(修复)；自然灾害及公共安全防范；重大风险管控措施有效性；劳动组织和人员行为；管理制度的符合性及适宜性等。

2.2.3　双重预防机制

(1)严格落实危化品化工企业双重预防机制建设的"五有"标准(有完善的工作推进机制、有全面覆盖的风险辨识分级管控体系、有责任明确的隐患排查治理体系、有线上线下的智能化信息平台、有奖惩分明的激励约束制度)。

(2)施行双重预防机制，强调安全生产的关口前移，从隐患排查治理迁移到风险管控，坚持问题导向、目标导向，有效遏制重大特事故的发生。

模块二　储气库应急管理

项目一　应急组织管理

1　项目简介

坚持"初期应急""全员应急"原则,强化异常监测预警,强化全员应急技能培训和应急演练,落实全员应急责任。

强化应急能力建设,依托专业应急队伍,组建单位义务救援队伍,提升突发事件事前预防、事中响应和处置、事后恢复的能力,预防、控制和减轻突发事件造成损失和影响。

2　应急组织及职责

(1)企业应设置应急指挥中心,负责各类突发事件的应急处置指挥。负责建立和完善油田应急救援体系,判断突发事件发展态势,下达应急响应指令,指挥现场应急救援和处置。应急指挥中心下设办公室,负责应急值守、信息汇总、信息传递和综合协调工作。

(2)安全环保部门负责应急能力建设,组织突发事件总体应急预案、生产安全事故综合应急预案的、突发环境事件应急预案的制修订、培训、演练等工作和事件的应急处置。

(3)单位办公室负责总值班,向上级部门上报事故相关信息。

(4)相关业务主管部门分别负责井喷、泄漏爆炸、着火爆炸等突发事件及群体性上访事件、公共卫生事件、恐怖袭击事件、公共聚集事件等的应急处置。日常应做好相应预案的编制、培训、演练工作。

(5)应以生产班组为单位,建立现场应急工作小组,组长由当班带班干部或班组长担任,应明确安全工程师、技术员、班长及各岗位的应急工作职责,按照相关现场处置方案进行初期处置和报告。

(6)企业应针对本单位可能发生的生产安全事故特点及危害,制定相应的应急救援预案。建立由专职或兼职人员组成的应急救援队伍,不具备单独建立专业应急救援队伍的企业,应与邻近建有专业应急救援队伍的企业签订救援协议,或者联合建立专业应急救援队伍,配备与本企业风险等级相适应的应急救援器材、设备和装备等物资,定期组织应急救援实战演练和人员避险自救训练,使各级各类人员熟悉应急救援预案,熟记岗位职责和应急处置要点,熟练操作应急救援器材和设备、装备,提高现场应急救援能力。

项目二　应急预案管理

1　项目简介

依据风险评估结果和应急资源情况,按照"分层级、分专业"的原则,编制综合预案、专项应急预案。预案应以应急处置为核心,明确应急职责,规范应急程序,细化保障措施。

2　预案编制

(1)应结合生产现场实际,制定有关生产安全事故现场处置方案(应急处置卡)、突发环境事件应急预案、质量事故应急预案、交通安全事故应急预案等，并根据生产实际和演练情况定期修订和完善。

（2）对较大风险及以上的设备和生产工艺应制定专项应急预案。

（3）班组、岗位应制定应急处置卡。

（4）新建、改建、扩建项目及装置检维修等大型施工作业，建设单位与施工单位等相关方共同进行施工作业前的危害识别和风险评估，组织编制相应的专项应急预案或现场应急处置方案。其他项目由承包商单位编制工程现场应急处置方案，并经建设单位审核、组织联合演练。

（5）各类预案应与上下级单位、当地政府相衔接，并按规定向所在地政府、油田有关部门报备，由安全环保室牵头，每年组织一次评估。

（6）如遇安全风险发生重大变更、预案编制依据发生重大变更等情形，应及时修订应急预案。

项目三　应急资源管理

1　项目简介

组建应急专家、专业应急救援队伍或义务应急救援队伍，配备必要的应急物资、应急设备、技术保障资源等，为应急处置提供必要的保障。

2　资源管理

2.1　应急信息平台

建立应急信息平台，具备应急值守、视频监控、监测预警、应急会商、联动处置、辅助决策等功能，有效实施日常安全监控和突发事件快速处置。

2.2　应急队伍

2.2.1　应急专家

配备应急管理人员，根据应急处置需求，建立应急专家库。

(1)应急专家库成员应在相关专业领域工作满 10 年，具有本专业高级及以上技术职称，具有丰富的事故处置经验。

(2)应急专家应积极参与油田应急管理工作，并参加油田应急演练、培训和能力评估等工作，指导应急预案的制修订工作。

(3)专家协助应急指挥部对突发事件进行研判，参与制定现场应急处置方案，为现场处置提供专业信息和技术支持。

2.2.2　专业应急救援队伍

企业应建立专业应急救援队伍，或依托专业应急救援队伍并签订应急救援协议，明确应急职责。

2.2.3　义务应急救援队伍

(1)应建立基层单位义务应急救援队伍，定期组织义务应急队员开展集中培训，强化日常管理，落实奖惩考核，形成长效机制。

(2)基层单位应当建立由本单位负责人担任队长、班组长担任分队长，岗位操作人员(不少于义务应急救援队伍总数的 20%)和技术人员为成员的义务应急救援队伍，负责泄漏、火灾、人员中毒等突发险情下的人员搜救与撤离、初期灭火、警戒与疏散、有毒有害气体检测等工作，并定期与辖区专业应急救援队伍开展联合演练。

(3)义务应急队员至少每年接受一次集中培训、考核，并按要求取证。

2.3　应急物资

(1)根据应急预案的要求，配备应急物资，并建立台账。包括正压式空气呼吸器、应急照明灯、急救药箱、气体检测仪及其他根据应急预案要求需要现场配备的应急物资。

(2)定期配发符合要求的医用器材和急救物品，急救药品箱应附带药品和物品清单、使用记录。

(3)定期对应急物资进行检查、维护、保养，确保完好有效，并及时补充。

2.4　加强应急能力建设，提升应急响应能力

全面推行应急处置"135"原则(1分钟内应急响应，及时采取能量隔离、切断物料等关键操作动作，保事态不扩大；3分钟内退守稳态，由班长研判并下达指令，岗位员工3分钟内实施退守稳态操作；5分钟内消气防联动，消气防救援力量于5分钟内到达现场，与属地单位配合开展应急处置工作)，提升基层班组应急响应能力。

项目四　应急过程管理

1　项目简介

以"预案"为基础，坚持"符合相关规定、切合单位实际、注重能力提高、确保安全有序"的原则，组织应急演练。推行应急处置"135"原则，遵循高效、实用的原则，充分发挥初期应急处置作用。

2　管理内容及要求

2.1　应急演练

(1)班组结合工作实际，每月进行一次岗位应急处置方案演练。演练后应做好记录，提出修改完善建议。

(2)应对各班组的应急演练情况进行汇总分析，对演练效果进行评估。

(3)直属单位每季度应至少组织一次专项演练。

2.2　应急处置

(1)发生应急事件(故)时应立即启动现场处置方案，在确保人员安全的前提下，按照职责分工，进行初期处置，并根据事态发展和控制情况，按要求逐级上报。

(2)应急事件(故)报告内容应包括单位名称、报告人、发生时间、设备装置名称、位置、事件(故)基本情况、当前处置措施、需要增援的设备设施及其他要求等。

(3)事件(故)发生后，应研判事故态势，并根据事件(故)类型和救援情况拨打应急救援电话。

(4)应急响应分级。按照可能发生的生产安全事故、环境影响事件的危害程度、影响范围和控制事态的能力，根据事态发展启动相应级别的应急预案。

(5)应急初期处置。

①基层单位、基层班组应采取现场巡检、有毒及可燃气体报警、烟感温感报警、火灾智能视频识别、重要参数报警等手段，及时发现泄漏、着火，以及生产异常、设备故障等造成的险情。

②事故发生初期，现场负责人(当班领导、班组长或现场员工)立即按照应急处置

"135"原则及现场处置方案要求进行初期处置,并立即向应急管理部门汇报。应急管理部门接到报告后,及时下达应急指令,并按照突发事件信息报告的流程逐级报告事故事件信息。

(6)信息研判与预案启动。

①当初期处置失效并可能造成人员伤亡或严重后果时,现场负责人应迅速组织现场人员撤离至安全地带,做好现场警戒。

②应急管理部门应及时跟踪事态和处置进展,及时下达应急指令,必要时启动上级应急预案。

(7)专业应急处置。

①预案启动后,现场指挥部应根据事故事件性质、危害后果、影响范围组织制定警戒疏散、人员搜救、医疗救治、现场监测、技术支持、工程抢险及环境保护等方面的应急处置措施,科学组织救援,防止发生次生灾害。

②在应急处置过程中,保护好现场,保存好监控数据、视频等相关证据。

③在处置突发环境污染事件时,应同步开展应急监测,对污染物的扩散和污染趋势进行预测预警,及时采取防治措施。

④当事故事件可能影响周边企业、公众安全及环境时,应急指挥中心应及时向地方政府、周边企业和公众发出预警信息,组织疏散,并做好舆情应对工作。

(8)应急终止。

①应急终止后,现场指挥部及时开展全过程总结评估,提出改进措施。

②恢复正常生产前,现场负责人组织风险评估和条件确认,必要时修订完善有关制度和应急预案。

③突发环境事件处置结束后,安全环保部门组织相关部门,按照政府要求开展生态损害评估、赔偿与修复工作。

(9)质量事故发生单位应立即采取紧急处置措施,采用停止使用不合格物资、留存样品等方式进行初期处理,防止事故扩大,减少经济损失,并妥善保护好事故现场及相关证据;后续由质量管理部门结合事故实际情况启动处置程序。

单元四 储气库标准化管理

标准化管理工作是企业外在形象与内涵建设的重要体现，它主要包括标准化管理和标准化操作两个方面。涵盖了视觉形象管理、基础管理、设备设施管理、岗位作业管理、员工之家管理等内容。通过现场标准化管理，实现各项工作及管理制度化、规范化、标准化，塑造积极向上的企业面貌，为企业科学管理奠定基础。

模块一 储气库站场视觉形象标准化管理

视觉形象标准化，旨在贯彻落实公司标准化形象规范，推动基层站场标准化建设，达到"整洁、规范、明亮"的效果，体现"安全和谐"的精神面貌，提升基层站队标准化形象。

项目一 站前区域标准化管理

1 项目简介

站前区域视觉形象标准化，涵盖了注采站形象墙及站牌、告示牌、车辆停放管理等内容。

2 标准化内容

2.1 注采站形象墙及站牌

2.1.1 设置原则

工程建设期间已建有形象墙的注采站按照标准化要求，设置形象墙。工程原设计无形象墙的注采站，则在注采站门口设置站牌。

2.1.2 形象墙设置标准

"中国石化"标志＋××油田分公司＋××直属单位，×××储气库注采站。

2.1.3 站牌设置标准

(1)"中国石化"标志＋××油田分公司，×××储气库注采站。

(2)制作材料为2mm拉丝不锈钢腐蚀上色并磨边。

(3)建议尺寸为600mm×900mm，可根据实际情况对尺寸进行调整。

(4)形象墙效果展示，如图4-1-1所示。

(5)站牌效果展示，如图4-1-2所示。

图 4-1-1 形象墙效果图

图 4-1-2 站牌效果图

2.2 告示(知)牌

2.2.1 告示(知)牌的范围

告示(知)牌包括"进站须知"告示牌、"储气库简介"告示牌、"平面布置及紧急疏散图"告知牌、"职业病危害"告知牌、"岗位安全风险"告知牌。

2.2.2 告示(知)牌设置标准

如表 4-1-1 所示。

表 4-1-1 告示(知)牌设置标准表

名 称	尺 寸	材 质
"进站须知"告示牌	1800mm(宽)、1200mm(高)、腿高700mm、埋深700mm	支柱及箱体材质：304 拉丝不锈钢，不锈钢表面拉丝(哑光)抛光处理，框架正面镶嵌钢化玻璃。画面材质：3M 反光膜 +4mm 铝塑板
"储气库简介"告示牌		
"平面布置及紧急疏散图"告知牌		
"职业病危害"告知牌		
"岗位安全风险"告知牌		

2.2.3 "进站须知"内容

(1)人员凭有效证件进入注采站，进入前佩戴好安全帽、防护眼镜，穿好防护服、防护鞋，进入生产区域还应按规定佩戴特殊防护用具。

(2)外来人员应在保安室登记，进入注采站前应接受入场安全教育，没有专人陪同不得进入生产区域。

(3)进入注采站人员应特别注意各种安全标志，发生紧急情况时迅速安全撤离至紧急集合点。

(4)外来车辆进出注采站应登记并接受检查，按规定路线和指示标志行驶，停在规定区域，不得堵塞场内消防和疏散通道。

(5)场内严禁吸烟，严禁携带打火机、火柴等火种进入注采站。

(6)场内严禁使用手机、照相机等非防爆电子设备。

(7)严禁携带易燃易爆、有毒及其他危险化学品进入场内，严禁酒后上岗。

(8)注采站内进行动火、受限空间等危险作业必须按规定办理作业票，严禁无票作业。

(9)进入人员保护好注采站内外环境，应将废弃物放入指定存放位置。

(10)本公司员工除了应遵守上述要求，还应遵守其他各项 HSE 管理规定。

2.2.4 "储气库简介"主要内容

"储气库简介"主要内容包括地理位置、地质概况、主要工艺参数、主要设备、主要建设背景等，可根据实际情况进行调整。

2.2.5 "平面布置及紧急疏散图"主要内容

"平面布置及紧急疏散图"主要内容包括注采站平面布置图，绿色逃生通道，逃生门，集合地点，用红、橙、黄、蓝分别标识出重大风险、较大风险、一般风险、低风险区域。

2.2.6 "职业病危害"主要内容

"职业病危害"的主要内容包括危害源的健康危害及理化特性、应急处置方法、应急电话等。

2.2.7 "岗位安全风险"主要内容

"岗位安全风险"主要内容包括主要危险源、危险有害因素、可能发生的事故、应对措施、警示标识等。

2.2.8 其他要求

(1)"进站须知"告示牌尽量设在储气库大门外，其余告示牌设在大门内道路两侧，告示牌大小可根据现场实际情况进行适当调整。

(2) 要求规格统一、美观大方，各储气库也可根据自身实际情况适当增加告示牌。

2.3 车辆停放管理

2.3.1 停车指示牌

(1)停车指示牌尺寸建议为 600mm×700mm，整体高度 2500mm。

(2)制作工艺采用 2mm 厚铝板做底板，表面覆 3M 钻石反光膜。

(3)位置设在进站大门外合适区域。

2.3.2 车位标识

(1)车辆停放应规划出固定区域和车位，所有车辆均应停放在指定位置，车头统一向外，严禁停放私用车辆。

(2)规格为外框 6000mm×3000mm，线宽 80～100mm，颜色为黄色，中间箭头长度为 500mm。

(3)停车指示效果展示，如图 4-1-3 所示。

(4)车位标识效果展示，如图 4-1-4 所示。

图 4-1-3 停车指示效果图

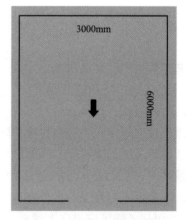

图 4-1-4 车位标识效果图

项目二 注采站入口及主干道标准化管理

1 项目简介

注采站入口及主干道视觉形象标准化，涵盖了紧急集合点标识、主干道标识等内容。

2 标准化内容

2.1 紧急集合点标识

(1)目的：用于突发情况下员工的紧急集合。

(2)规格：采用不锈钢框架及底板，尺寸为650mm×400mm，双面制作，高度设置在1500～2200mm。

(3)位置：站门外平坦开阔、地下无天然气管线的合适区域，一侧图案朝向大门口。

(4)紧急集合点效果展示，如图4-1-5所示。

图4-1-5 紧急集合点效果图

2.2 主干道标识

(1)目的：标识疏散通道、消防通道，提示禁止停车、行驶限速等信息。

(2)对象：注采站内消防通道、疏散通道、限速标识、减速慢行标识。

(3)"疏散通道"标准：采用交通专用反光型硅塑材质地贴，字体大小200mm×200mm。疏散通道效果展示，如图4-1-6所示。在疏散通道上，每隔30～50m设置一个。

(4)"消防通道 禁止占用"标准：采用交通专用反光型硅塑材质地贴，大小为1250mm×700mm(详细尺寸参照图4-1-7)，字体230～250mm。在消防通道上，每隔30～50m设置一个。

(5)"限速标识"标准：在注采站工艺区入口道路旁、出站路口各设置一个限速标识，限速5km/h，采用2mm厚铝板做底板，表面覆3M钻石反光膜，柱高2.5m，如图4-1-8所示。

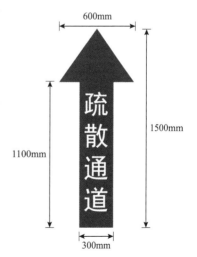

图4-1-6 疏散通道效果图

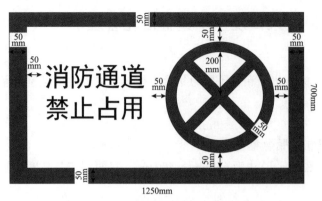

图 4 - 1 - 7　消防通道　禁止占用效果图　　　　图 4 - 1 - 8　限速标识效果图

（6）整体效果展示，如图 4 - 1 - 9 所示。

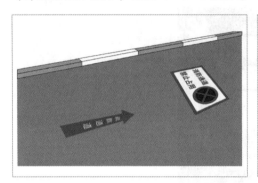

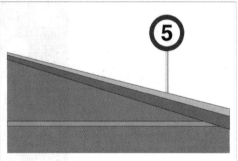

图 4 - 1 - 9　整体效果图

项目三　站控室标准化管理

1　项目简介

站控室视觉形象标准化规范了安全出口标识、卫生间地面标识、资料档案摆放等内容。

2　标准化内容

2.1　安全出口标识

2.1.1　目的

用于紧急情况下指引建筑物内人员安全逃生、撤离。

2.1.2　位置

注采站内所有建筑物内部。

2.1.3　标准

（1）在建筑物内安全出口线路上的显著位置包括拐角，设"安全出口"标识。

（2）地贴"安全出口"标识采用塑料反光不干贴，尺寸为 400mm×200mm。

（3）墙贴"安全出口"标识采用铝合金板，尺寸为 400mm×150mm。已有的可以保留使用。

（4）安全出口标识效果展示，如图 4 - 1 - 10 所示。

图 4 - 1 - 10　安全出口标识效果图

2.2　卫生间地面标识

2.2.1　目的

提示注意卫生间地面状况，避免滑倒。

2.2.2　位置

站内卫生间地面、墙面。

2.2.3　标准

（1）材质选用绿底白字，反光膜，尺寸为 200mm × 100mm；墙贴采用定制。已有的可以保留使用。

（2）卫生间地面标识效果展示，如图 4 - 1 - 11 所示。

2.3　资料档案摆放

（1）各种资料放在塑料档案盒内，各专业塑料档案盒放在资料档案柜的上部，资料档案柜的下部摆放空白表单、记录本及时间较久的各种资料。

（2）资料档案柜内档案盒按资料内容摆放，顺序为综合、HSE、运行、设备、仪表、电气、计量、能源、管道和其他。

（3）塑料档案盒尺寸为长 × 宽 × 厚 = 32.0cm × 23.5cm × 3.5cm（适用于 A4 纸张），颜色为淡蓝色或黑色。

（4）每个档案盒内首页为"卷内目录"，后面按"卷内目录"内容依次装填资料。

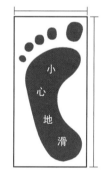

图 4 - 1 - 11　卫生间地面标识效果图

（5）将档案盒脊部位的原始标签替换成计算机打印的标签，标签由上、中、下三部分组成。标签内框上部分打印中国石化标识 + 中原油田分公司 + 二级单位 + 储气库名称；下部分打印各专业资料编号，如"仪表—04"；中部分打印资料名称，如"仪表检定证书"。

（6）各专业资料名称及编号，由各储气库根据自身情况自行编制。

（7）资料过多，一个资料盒放不下可在编号后增加小序号，例如将"设备—01"修改为"设备—01（1）"。

项目四　工艺装置区外围标准化管理

1　项目简介

工艺装置区外围视觉形象标准化规范了生产区软隔离、限高标识、室外紧急逃生出口标识等内容。

2　标准化内容

2.1　生产区软隔离标识

2.1.1　目的

起警示作用，并用作生活区和工艺区的软隔离。

2.1.2　对象

生活区和生产区没有硬隔离的站场。

2.1.3　位置

已有物理门、围墙等将生产生活区隔离的无须设置。

2.1.4　尺寸

推荐采用反光地标漆，推荐采用黄色油漆喷涂，推荐线宽200mm。

2.2　限高标识

2.2.1　目的

用于提示该区域限制一定高度，防止磕碰。

2.2.2　对象

工艺区架空管线、线缆等。

2.2.3　位置

在站场工艺区架空管线、线缆等必要处。

2.2.4　形式

在中央位置成对悬挂或粘贴设置。

2.2.5　材质

主体采用铝板，表面为反光材质。

2.2.6　规格

推荐450mm（圆形直径）。

2.2.7　效果展示

如图4-1-12所示。

图4-1-12　限高标识效果图

2.3　室外紧急逃生出口标识

2.3.1　逃生门

（1）目的：用于紧急情况下指引室外人员安全逃生、撤离。

（2）对象：室外工艺区。

（3）材质：推荐使用反光膜粘贴。

（4）尺寸：结合实际情况。

（5）位置：逃生门右侧合适位置，标识下边缘距离地面1600mm。

（6）逃生门标识效果展示，如图4-1-13所示。

图 4-1-13　逃生门标识效果图

2.3.2　紧急出口

(1)目的：用于紧急情况下指引室外人员安全逃生、撤离。

(2)对象：室外工艺区。

(3)材质：推荐采用腐蚀刻板。

(4)尺寸：高宽比为 5∶4，推荐尺寸为 400mm×320mm。

(5)位置：置于紧急出口左侧合适位置，要求漆面具有反光或夜视效果。

(6)紧急出口效果展示，如图 4-1-14 所示。

图 4-1-14　紧急出口效果图

项目五　生产区厂房标识标准化管理

1　项目简介

生产区厂房视觉形象标准化规范了重大风险隐患标识牌、危化品存放区域 MSDS、危险废物标识牌、排污区警示标牌，以及分析小屋警示标识牌、卷闸门标识等 10 项内容。

2 标准化内容

2.1 重大风险隐患标识牌

2.1.1 目的

在有重大事故隐患和较大危险的场所和设施设备上设置明显标志，提示存在的危害和后果。

2.1.2 位置

有重大事故隐患和较大危险的场所和设施设备所在区域。

2.1.3 标准

有支座的警示牌样式，内容可擦写重复使用。放置在有重大事故隐患和较大危险的场所，以及设施设备所在区域附近显眼位置。

2.1.4 形状

尺寸为300mm×600mm，底边距地高度600mm。字体颜色为黑体黑色字，2cm黑框，背景为黄色。

2.1.5 材质

主体为金属铝制，表面材料自定。

2.1.6 效果展示

如图4-1-15所示。

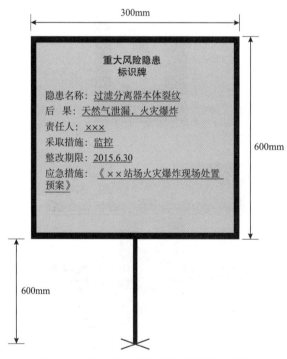

图4-1-15 重大风险隐患标识牌效果图

2.2 危化品存放区域MSDS

2.2.1 目的

提示危化品存放、操作等注意事项及泄漏应急处理措施等。

2.2.2　对象

库房危化品存放区域。

2.2.3　标准

由公司提供危化品对应的"化学品安全技术说明书"（MSDS），粘贴于堆放地点旁显著位置的墙上。危化品存放在货架上的，可塑封后悬挂于醒目位置。

2.2.4　尺寸及材质

高宽比为 8 ：5，推荐尺寸为 800mm × 500mm；推荐铝合金包边，中间为写真雪弗板。

说明：若不上墙，也可结合实际采用其他材质张贴，尺寸结合实际修改。

2.2.5　效果展示

如图 4 - 1 - 16 所示。

2.3　危险废物标识牌

2.3.1　说明

排污区、危废暂存区等有危废储存的区域设置此标识牌，尺寸根据现场情况确定。具备条件的(如排污罐)，应优先考虑直接粘贴在罐体上(不能安装在两侧封头上)。

2.3.2　效果展示

如图 4 - 1 - 17 所示。

图 4 - 1 - 16　化学品安全技术说明书效果图

图 4 - 1 - 17　危险废物标识牌效果图

2.4　排污区警示标牌

2.4.1　尺寸

整体宽高比为 7 : 6，推荐尺寸为 1400mm × 1200mm。

2.4.2　材质

推荐采用 1.5mm 厚 304 型不锈钢板。

2.4.3　工艺

推荐采用腐蚀刻板、丝网印刷。

2.4.4　说明

(1)此标识设置于排污池及排污罐等排污区域,安装于站场排污区适当位置。

(2)若现场位置不够或实际情况不允许,可将标识牌单独制作出来张贴到现场合适位置(墙面等)。

(3)尺寸可根据现场情况进行调整,要求简洁、耐看、整齐、美观。

2.5　放空区警示标牌

2.5.1　尺寸

标牌尺寸推荐为 400mm×500mm,上墙大字尺寸推荐为 820mm×820mm。

2.5.2　材质

标牌推荐采用不锈钢板材料,上墙大字推荐采用墙面油漆。

2.5.3　工艺

推荐采用腐蚀刻板、丝网印刷,大字使用油漆涂刷。

2.5.4　说明

(1)放空区围墙上涂刷"放空重地　严禁烟火",字体为大黑体、字体颜色为大红。

(2)如放空区四周为栅栏隔离,涂刷内容、字体、大小与前述保持一致,采取一个字一块牌的形式,固定在栅栏上。

2.5.5　效果展示

如图 4－1－18 所示。

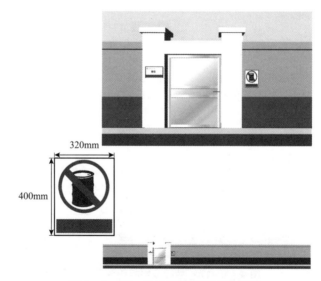

图 4－1－18　放空区警示标牌效果图

2.6　空压机房警示标识牌

2.6.1　目的

提示空压机房存在噪声职业病危害因素,并提醒戴防护耳器。

2.6.2　对象

压气站空压机房。

2.6.3　标准

空压机房门口侧上方设置一组"噪声有害""必须戴防护耳器"标识。

2.6.4　效果展示

如图 4 - 1 - 19 所示。

图 4 - 1 - 19　空压机房警示标识牌效果图

2.7　分析小屋警示标识牌

2.7.1　尺寸

根据分析小屋正面情况自行决定。

2.7.2　材质

推荐采用不锈钢或 3M 反光膜。

2.7.3　工艺

推荐采用腐蚀刻板、丝网印刷或反光膜打印。

2.7.4　安装

(1)统一粘贴于门上,分析小屋气瓶上增加 MSDS 标识(氨气、硫化氢等)。

(2)在封闭式分析小屋门口增加强制通风等警示标识。

(3)在硫化氢气瓶附近设置红色"硫化氢气瓶"字样及"当心中毒"警示标识。

2.8　卷闸门标识

2.8.1　目的

用于提醒与卷闸门保持安全距离。

2.8.2　对象

站内车库、油品库等所有使用到卷闸门的场所。

2.8.3　标准

门内外部地面均需设置,刷淡黄色漆。文字:"门下勿站人"。

2.8.4　规格

地面黄线线宽 50 ~ 80mm,外侧横边到门的距离为 1m。文字大小 200mm × 200mm,可根据门口宽度适当调整。

2.8.5　效果展示

如图 4 - 1 - 20 所示。

2.9　变电所(配电室)入口标识

2.9.1　目的

提示电力机房存在的危险,明确应穿戴的绝缘保护

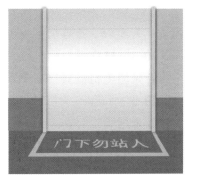

图 4 - 1 - 20　卷闸门标识效果图

用品。粘贴在变电所(配电室)、发电机房各出入口。

2.9.2　标准

(1)普通变电所(配电室)各出入口处(室外)以及发电机房入口处(室外)设"禁止触摸""当心触电"标识。

(2)室外变压器围栏及110kV/35kV高压架空进线区围栏进出口处统一悬挂"禁止翻越""止步　高压危险"标识牌。材质:不锈钢腐蚀、烤漆。规格:400mm×500mm。

(3)变电所(配电室)外电线路终端杆/变电所户外带电架构上,应悬挂"禁止攀登　高压危险"标示牌。

(4)如站场配置一体式箱式变电所,需在各扇门外柜体上适当高度挂设"止步　高压危险""必须穿戴绝缘保护用品"标识牌,采用亚克力板(不锈钢)粘贴悬挂,可根据实际情况在上述尺寸基础上适当减小,但最小不能小于200mm×250mm。

2.9.3　效果展示

如图4-1-21所示。

图4-1-21　变电所(配电室)入口标识效果图

2.10　GIS室安全标识

2.10.1　尺寸

"注意通风"等标识高宽比为5:4,推荐尺寸为400mm×320mm;"六氟化硫MSDS"标识高宽比为8:5,推荐尺寸为800mm×500mm。

2.10.2　材质

推荐采用1.5mm厚304型不锈钢或PVC薄板。

2.10.3　工艺

推荐采用腐蚀刻板、丝网印刷,MSDS采用PVC板、图文高清户外写真。

说明:设置于GIS室门口合适位置。

2.10.4　效果展示

如图4-1-22所示。

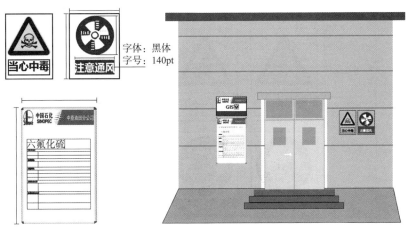

图 4 - 1 - 22　GIS 室安全标识效果图

项目六　压缩机厂房标识标准化管理

1　项目简介

压缩机厂房视觉形象标准化规范了压缩机厂房入口及爬梯标识、压缩机本体安全标识和附属设施标识 3 项内容。

2　标准化内容

2.1　压缩机厂房入口及爬梯标识

2.1.1　目的

用于提示进入压缩机厂房注意事项，以及紧急出口位置。

2.1.2　尺寸

尺寸为 400mm×500mm。

2.1.3　标识牌位置及数量

如表 4 - 1 - 2 所示。

表 4 - 1 - 2　压缩机厂房标识牌位置及数量

标牌名称	挂置(粘贴)位置	数量
必须戴防护耳器 必须戴安全帽 当心吊物	厂房每个门口	每扇门设一个
紧急出口	厂房每个门口	每扇门设一个
当心坠落 必须系安全带	上厂房屋顶用梯子、上行吊用梯子及箱体上部检查用梯子	每个梯子上设一个

2.1.4　效果展示

如图 4 - 1 - 23 所示。

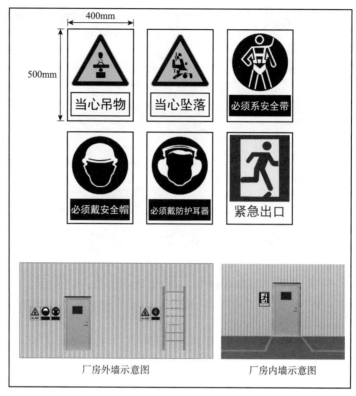

图 4 -1 -23　压缩机厂房入口及爬梯标识效果图

2.2　压缩机本体安全标识

2.2.1　目的

用于警示压缩机运行期间产生的相关危险。

2.2.2　材质

不锈钢腐蚀、烤漆；尺寸为 400mm × 500mm。

2.2.3　效果展示

如图 4 -1 -24 所示。

图 4 -1 -24　压缩机本体安全标识效果图

2.3　附属设施标识

2.3.1　目的

标明各种厂房附属设施使用注意事项。

2.3.2　对象

卷帘门控制开关、行吊控制盒、照明设备、防爆插销。

2.3.3　标准

(1)卷帘门控制开关：双色板白底黑字，加入"起降过程中门帘下禁止站人并禁止通行"提示语，尺寸自定。

(2)防爆插销：3M反光膜，白底红字加边框，尺寸自定。

(3)起重控制按钮：双色板白底黑字，加入"注意安全"和"当心吊物"图标，尺寸自定。

(4)照明开关：3M反光膜，白底红字加边框，尺寸自定。

项目七　其他标识标准化管理

1　项目简介

该视觉形象标准化规范了受限空间标识、高处操作平台标识、站内建筑台阶标识、高杆灯安全标识及标线和快开盲板标识等9项内容。

2　标准化内容

2.1　受限空间标识

2.1.1　目的

提示受限空间，引起警示。

2.1.2　对象

排污池、污水井、冷却水塔、压力容器(罐)等受限空间。

2.1.3　材质

3M反光膜，淡黄色底色，红色字体。

2.1.4　尺寸

尺寸为200mm×150mm。

2.1.5　喷涂方式

直接喷字。

2.1.6　喷涂标准

(1)排污池、污水井盖设"受限空间"标识，并按照表4－1－3要求进行编号。

(2)压缩机厂房通风室风机检查口、分离器快开盲板、清管收发球设备快开盲板、水冷却塔检查口设"受限空间　许可管理"与编号标识和安全标识，红色底色，白色字体。

表 4 - 1 - 3　受限空间编号规则

序 号	名 称	编 号
1	消防井	消防(XF)
2	污水井	污水(WS)
3	供水井	供水(GS)
4	雨水井	雨水(YS)
5	电信井	电信(DX)
6	管线阀井	管线名称
7	各类盲板	盲板(MB)
8	其他(检查口、人孔等)	其他(QT)

(3)效果展示,如图 4 - 1 - 25 所示。

样式一　　　　　　样式二　　　　　　样式三

尺寸:40mm×50mm
工艺:推荐沿井盖周围采用黄色地胶漆涂刷50mm宽、40mm高文字:字体采用汉仪中黑简。使用说明:适用于易受碾压路面污水井、消防井。

尺寸:线框宽50mm,字体高40mm。
工艺:距边缘200~300mm涂黄色漆线框,红色文字内容位于黄色线框内。字体采用汉仪中黑简。使用说明:适用于压缩机厂房内等。

尺寸:200mm×150mm。
工艺:推荐采用亚克力板,图文丝印,字体采用黑体,字体高35mm。
使用说明:设置于人孔表面位置。

图 4 - 1 - 25　受限空间标识效果图

2.2　高处操作平台标识

2.2.1　目的

提示高平台处的安全注意事项。

2.2.2　对象

加热器、排污罐、分离器、空冷器、油冷器等设备的高处操作平台。

2.2.3　标准

各高处操作平台增加"当心坠落""必须系安全带"安全标识。

2.2.4　材质

不锈钢腐蚀、烤漆。

2.2.5　规格

尺寸为 400mm × 500mm。注意:应双面设置图案,确保警示标识效果。

2.2.6　效果展示

如图 4 - 1 - 26 所示。

图 4 - 1 - 26　高处操作平台标识效果图

2.3　站内建筑台阶标识

2.3.1　目的

引起注意，确保上、下台阶安全。

2.3.2　对象

生产区各建筑物台阶。

2.3.3　标准

第一级和最后一级台阶涂黄色警戒线。

2.3.4　规格

涂刷淡黄色漆，宽度 5 ~ 8cm。

2.3.5　效果展示

如图 4 - 1 - 27 所示。

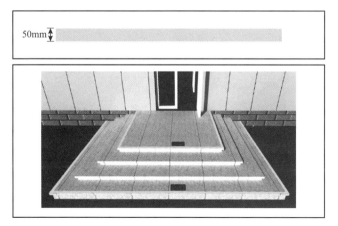

图 4 - 1 - 27　站内建筑台阶标识效果图

2.4 高杆灯安全标识及标线

2.4.1 尺寸

标牌高宽比为 5∶4，推荐尺寸为 400mm×320mm；推荐标线为宽 100mm、半径 3000mm 的圆。

2.4.2 材质

标牌推荐采用不锈钢薄板或铝板，标线推荐采用油漆喷涂。

2.4.3 工艺

标牌推荐采用腐蚀刻板、丝网印刷，标线采用黄色油漆涂刷；字体采用汉仪中黑简。

(1)高杆灯周围为碎石面的站场推荐先砌出基础然后划线。

(2)若高杆灯在草坪或其他区域，划线较为困难时，也可采用高 150mm 的黄色围栏围成半径 3000mm 的圆。

(3)安全标牌尺寸可根据现场情况进行调整，美观、醒目即可。

2.4.4 效果展示

如图 4 - 1 - 28 所示。

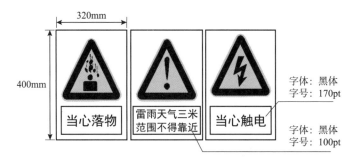

图 4 - 1 - 28 高杆灯安全标识及标线效果图

2.5 避雷针安全标识及标线

2.5.1 尺寸

标牌高宽比为 5∶4，推荐尺寸为 400mm×320mm；推荐标线为宽 100mm、半径 3000mm 的圆。

2.5.2 材质

标牌推荐采用不锈钢薄板或铝板，标线推荐采用油漆喷涂。

2.5.3 工艺

标牌推荐采用腐蚀刻板、丝网印刷，标线采用黄色油漆涂刷；字体采用汉仪中黑简。

(1)避雷针周围为碎石面的站场推荐先砌出基础然后划线。

(2)若避雷针在草坪或其他区域，划线较为困难时，也可采用高150mm的黄色围栏围成半径3000mm的圆。

(3)安全标牌尺寸可根据现场情况进行调整，美观、醒目即可。

2.5.4 效果展示

如图4－1－29所示。

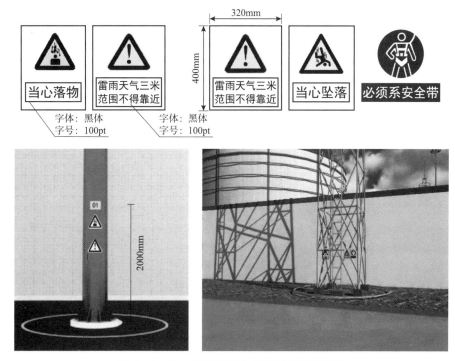

图4－1－29 避雷针安全标识及标线效果图

2.6 快开盲板标识

2.6.1 目的

提示快开盲板打开时的注意事项，避免意外伤害。

2.6.2 对象

过滤分离器、收发球筒等带快开盲板的设备。

2.6.3 标准

快开盲板上沿环形底平面处设"打开作业时正面严禁站人"文字标识。

2.6.4 材质

3M反光膜，红色字体。

2.6.5 规格

字体宽度尽可能接近环形底面的宽度。

2.6.6 效果展示

如图4－1－30所示。

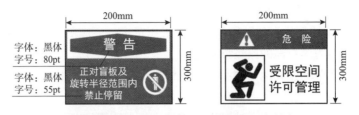

图 4 -1 -30　快开盲板标识效果图

2.7　转动设备护罩安全标识

2.7.1　工艺

聚苯乙烯材料打印。

2.7.2　位置

转动设备护罩表面。

2.7.3　尺寸

尺寸为 120mm × 100mm，可根据实际情况进行调整。

2.7.4　效果展示

如图 4 -1 -31 所示。

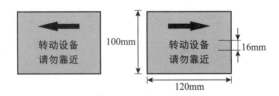

图 4 -1 -31　转动设备护罩安全标识效果图

2.8　行车吊钩停放点标识

2.8.1　工艺

底面为黄色漆涂刷,图为黑色漆涂刷。

2.8.2　尺寸

尺寸为600mm×600mm。

2.8.3　位置

行车吊钩固定停放位置正下方地面,站内其他吊钩参照此标准设置标识。

2.8.4　效果展示

如图4-1-32所示。

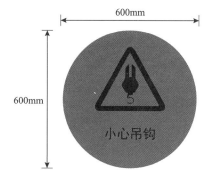

图4-1-32　行车吊钩停放点标识效果图

2.9　起重设备额定起重量标识

2.9.1　工艺

底面为黄色漆涂刷,图为黑色漆涂刷。

2.9.2　尺寸

尺寸为200mm×300mm。

2.9.3　位置

行车合适位置。

2.9.4　效果展示

如图4-1-33所示。

图4-1-33　起重设备额定起重量标识效果图

项目八　其他区域标准化管理

1　项目简介

该视觉形象标准化规范了消防器材编号、消防器材定制划线、消防栓标识、消防报警设施标识 4 项内容。

2　标准化内容

2.1　消防器材编号

2.1.1　尺寸

推荐宽度为 50mm。

2.1.2　材质

推荐采用反光膜。

2.1.3　工艺

推荐采用工程级反光膜雕刻成型。

(1)粘贴于消防设施表面合适位置,尺寸可根据现场情况进行调整。

(2)灭火器编号按照所属企业管理要求执行。

2.1.4　标准

灭火器箱上部设简要操作说明(简要操作说明根据设备出厂等情况自定),正面左上角或中部合适部位设编号(灭火器箱编号按照"A – B"设置,A 代表区域,B 代表序号,如图 4 – 1 – 34 编号"1 – 18"),正面设"灭火器箱"和"火警 119"标识,箱体外围设黄黑相间定置管理线(定置区)及禁止堵占黄线(防堵占区)。

2.1.5　效果展示

如图 4 – 1 – 34 所示。

图 4 – 1 – 34　消防器材编号效果图

2.2　消防器材定制划线

2.2.1　尺寸

推荐宽度为 50mm。

2.2.2 材质

推荐采用油漆或室外车贴。

2.2.3 工艺

推荐采用红色油漆涂刷或室外车贴张贴。

(1)设置于距离灭火器四周50mm处，可根据现场情况进行调整。

(2)定制线颜色可结合实际进行修改，与地面颜色区分开。

2.2.4 效果展示

如图4-1-35所示。

图4-1-35 消防器材定制划线效果图

2.3 消防栓标识

2.3.1 目的

对全站消防栓进行编号管理。

2.3.2 对象

全站消防栓、消防保温桶。

2.3.3 标准

消防栓保温桶上部、室外消火栓下部及室内消防栓箱中部粘贴相应的编号(消防栓箱编号按照"A-B"设置，A代表区域，B代表序号)。

2.3.4 材质

3M反光膜。规格：$\Phi 80mm$，形式：白底红字。

2.3.5 效果展示

如图4-1-36所示。

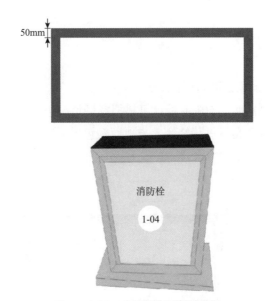

图 4 - 1 - 36　消防栓标识效果图

2.4　消防报警设施标识

2.4.1　尺寸

长宽比为 5 : 3，推荐尺寸为 100mm × 60mm。

2.4.2　材质

推荐采用不锈钢或亚克力薄板。

2.4.3　工艺

推荐采用腐蚀刻板、丝网印刷或 UV 平版印。

2.4.4　效果展示

如图 4 - 1 - 37 所示。

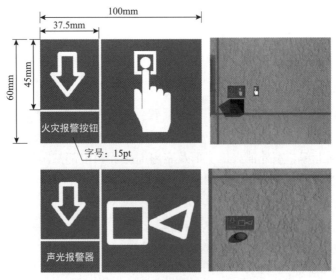

图 4 - 1 - 37　消防报警设施标识效果图

模块二 设备设施标准化管理

设备设施标准化，旨在贯彻落实公司基层站队标准化建设方案，促进基层站队设备设施管理工作的标准化，提升公司及基层站队标准化管理水平。

项目一 工艺设备标牌及编号标准化管理

1 项目简介

规范了阀门开关状态牌、设备检修停用标识、气质流向标识及阀门编号标识等8项内容，提升了现场工艺设备标准化管理水平。

2 标准化内容

2.1 阀门开关状态牌

2.1.1 位置

阀门开关状态牌仅用于全开、全关阀门。原则上置于阀门编号牌的正上方；空间不足时，可与阀门编号牌并排放置，阀门编号牌在左，开关状态牌在右。

2.1.2 材质、颜色

软磁铁材质，正、反面分别标注"开""关"，黑体大红色。

2.1.3 样式

尺寸与阀门编号牌一致，如图4-2-1所示。

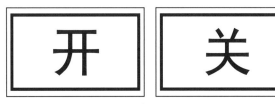

图4-2-1 阀门开关状态牌效果图

2.2 设备检修停用标识牌

2.2.1 用途

用于标明设备检修、停用状态，位置同"阀门开关"。

2.2.2 材质、颜色

软磁铁材质，正、反面分别标注"检修""停用"，黑体大红色。

2.2.3 样式

尺寸与阀门编号牌一致，如图4-2-2所示。

图4-2-2 设备检修停用标识牌效果图

2.3 设备运行状态牌

2.3.1 用途

用于标明设备运行、备用状态，位置放置于设备中部明显处。

2.3.2 材质、颜色

软磁铁材质，正、反面分别标注"运行""备用"，黑体大红色。

2.3.3 样式

尺寸与阀门编号牌一致，如图4-2-3所示。

图4-2-3 设备运行状态牌效果图

2.4 预留接口阀门

对预留接口阀门进行锁定，可以使用锁具或螺丝杆、铁链等工具，并贴上"禁止操作"标识。定期(确定时间)维护保养，确保锁具能够顺利打开。

2.4.1 材质、颜色

不锈钢腐蚀刻板，背面装磁铁；标注"禁止操作"，黑体大红色。

2.4.2 尺寸

尺寸为200mm×160mm(可结合实际情况确定)。

2.5 法兰之间密封

2.5.1 材质

2mm厚热收缩带。

2.5.2 尺寸

与法兰边缘平齐。

图4-2-4 法兰之间密封效果图

2.5.3 做法

首先将法兰之间的螺栓除锈，涂刷上面漆，然后采用热收缩带对其进行缠绕，最后在法兰中线部分喷涂10mm的大红色线(如与红色法兰连接，则不再喷涂红线)，如图4-2-4所示。

2.6 气质流向标识

2.6.1 材质、颜色

(1)气质流向标识材料采用高温磁漆。

(2)表面涂色为大红色时，箭头颜色应采用白色。

(3)表面涂色为其他颜色时，箭头颜色应采用红色。

2.6.2 注意事项

根据站内工艺流程,如涉及频繁的双向流动,则粘贴双向箭头。

2.6.3 标准

气质流向标识规格标准见表4-2-1。

表4-2-1 气质流向标识规格标准

管径/mm	标识尺寸/cm×cm
Φ1219	45×130
Φ1016	40×120
Φ914	35×90
Φ813	30×90
Φ711	30×80
Φ508	20×70
Φ426	20×60
Φ356	20×50
Φ219	15×40
Φ168	15×30
Φ114	10×30
Φ89	9×25
Φ57	7×20
Φ34	4×15

2.6.4 工艺

对表4-2-1中未规定管径的管线,就近选择标识箭头尺寸,并可根据现场实际情况对尺寸进行适当调整,以达到较好的视觉效果。

2.7 阀门编号标识

2.7.1 材料

基层站队自行确定,原则上喷涂后持久耐用。

2.7.2 颜色

红色(红色阀门涂白色)。

2.7.3 字体

黑体。

2.7.4 标准

阀门编号标识标准见表4-2-2。

表4－2－2　阀门编号标识标准

阀门规格	阀门编号尺寸(4字：高×宽)/cm×cm
40in 球阀	30×70
36in 球阀	30×55
26in×28in 球阀	20×40
20in 球阀	20×35
14in 球阀	10×25
10in 球阀	10×20
10in 主动密封阀	10×20
6in 球阀	6×12
4in 球阀	6×10
做外保温的3in 球阀及3in 节流截止放空阀	6×20(排污线)
3in 球阀	6×15
2in 球阀	5×8
14in 旋塞阀	6×15
12in 旋塞阀	6×12
4in 旋塞阀	4×8
10in 节流截止放空阀	10×20
2in 节流截止放空阀	4×7
6in 阀套式排污阀	6×15
3in 阀套式排污阀	6×12
2in 阀套式排污阀	4×7
带 SHAFER 执行机构的埋地球阀	15×35

表4－2－2中尺寸仅供参考，可结合现场实际情况进行调整。

2.7.5　标准

(1)阀门编号应喷涂在明显且易于喷涂处。如果阀门进行了保温，则将阀门编号喷至保护层上。对于小口径阀门($DN50$ 以下)，若现场无法实现喷涂，可以采取粘贴方式。可自行选择材质制作。

(2)压缩机组及其附属设备阀门编号参照设计图纸及机组的 PID 图编号进行喷涂。若图纸上未进行编号，则可不喷涂。

2.8　安全阀整定标识牌

安全阀整定标识牌是由具有相关资质的单位针对该安全阀出具的标有整定压力等关键信息的标识(标识牌上侧需要铅封，并穿过设备)。

(1)利用塑料扎带将下侧进行紧固安装，如图4－2－5所示。

(2)利用不锈钢扎带进行紧固安装，如图4－2－6所示。

(3)推荐使用不锈钢扎带安装。

图4－2－5　塑料扎带安装效果图　　　图4－2－6　不锈钢扎带安装效果图

项目二　仪表设备标牌及编号标准化管理

1　项目简介

规范了压力表限值红线、温度表(温度变送器)位号牌、巡检路线标识等7项内容,实现仪表设备标牌及编号标准化。

2　标准化内容

2.1　压力表限值红线

压力表安装前应当进行校验,应在刻度盘上画出指示工作压力的红线,同时结合现场操作的可行性,提出下列要求:

(1)压力表上应在上限值处进行明确标识(下限值不进行标识),上限值为最高运行压力或设计压力。

(2)气液联动阀气缸压力表仅对下限值进行标识。

(3)盲头段压力表按照设计压力进行上限标识。

(4)针对现场已经安装使用的压力表,若其内部的刻度盘上没有厂家预先绘制的标识,应在表盘玻璃的外表面粘贴一红色条状标签,标签由上限刻度线处指向圆心,且延伸到表盘侧面;标签宽度不超过5mm。此方案的目的是避免拆装外壳导致密封不严、外观损坏等问题。视觉效果参考图4－2－7。

图4－2－7　压力表限值红线图示1

（5）对于新采购压力表，应由生产厂家在压力表内部的刻度盘上预先完成标识的制作，标识方式为：将上限值以上的刻度线区域涂红，视觉效果参考图4-2-8。使用单位负责向生产厂家提供所订购压力表的上限值。

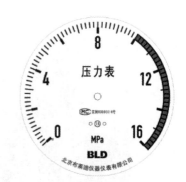

图4-2-8 压力表限值红线图示2

2.2 温度表（温度变送器）位号牌

2.2.1 材质

不锈钢腐蚀刻板。

2.2.2 字体和颜色

黑体、黑色。

2.2.3 尺寸

不超过 70mm×20mm。

2.2.4 固定方式

利用黏胶直接粘贴到温度表、温度变送器的法兰处或其他可以目视的地方，如图4-2-9所示。

2.2.5 位号编制格式

位号编制格式为"TI-+数字位号"或"TT-+数字位号"。

图4-2-9 温度表温变黏胶安装方式效果图

2.3 压力变送器位号牌

压力变送器位号牌用于标识该压力变送器的工艺编号。

2.3.1 材质

不锈钢腐蚀刻板。

2.3.2 字体和颜色

黑体、黑色。

2.3.3 尺寸

不超过 70mm×20mm。

2.3.4 固定方式

利用扎带紧固在其支撑柱上，如一个支撑柱上安装有多个变送器，可将位号牌固定在每个变送器的U形卡上。

2.3.5　位号编制格式

"PT－＋数字位号"或"PDT－＋数字位号"。

2.3.6　效果展示

如图4－2－10所示。

2.4　不易固定安装到设备本体的标识牌

有些现场设备因为设备形体、安装空间等因素，不易将该设备位号牌安装在设备本体或设备相关联的附件上，需定制适合尺寸的位号牌并安装在本体或阀组上，如图4－2－11所示，采用粘贴安装。

图4－2－10　压力变送器位号牌
扎带安装效果图

图4－2－11　定制适合尺寸的
位号牌粘贴安装效果图

2.5　压力表、温度计检定标签

（1）非轴向安装的压力表、温度计的检定标签均粘贴在表盘背部，以免影响仪表读数。

（2）轴向安装的压力表、温度计的检定标签可粘贴在表盘侧面。

2.6　流量计位号牌

2.6.1　命名

严格按照设计图纸中的位号进行命名。

2.6.2　材料

不锈钢腐刻板。

2.6.3　字体和颜色

黑体、红色。

2.6.4　尺寸

20mm×50mm（应根据流量计实际大小，按标准给定的尺寸按比例缩放）。

2.6.5　贴合方式

利用黏胶直接粘贴到流量计本体或表头等显眼位置，粘贴位置不应覆盖原有流量计相关信息。

2.6.6　参考样式

如图4－2－12所示。

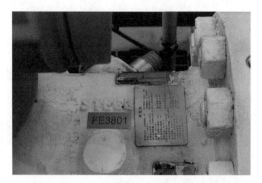

图 4 - 2 - 12　流量计位号牌安装效果图

2.7　巡检路线标识

2.7.1　材质和颜色

(1)巡检路线标识采用专用硅塑地贴或刷反光油漆,黄底红字,标志醒目。

2.7.2　安装位置

根据站场的巡检路线图设置巡检路线标识,标识不宜过多,可仅在需巡检的设备或区域附近设置。

2.7.3　尺寸

可根据现场实际情况进行适当调整,如图 4 - 2 - 13 所示。

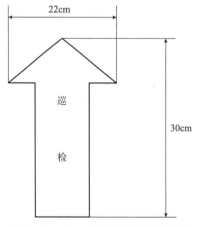

图 4 - 2 - 13　巡检路线标识效果图

项目三　工艺管线、设备涂色标准化管理

1　项目简介

规范了涂装前钢材表面处理,设备、阀门、法兰、管线表面处理,涂料选择和涂色规定 4 项内容,实现工艺管线、设备涂色标准化。

2　标准化内容

2.1　涂装前钢材表面处理

(1)表面处理的好坏直接关系到防腐层与钢管或设备的黏结性。防腐层在施工中引起的起泡、鳞化、返锈等现象,主要原因是表面处理未达到标准。

（2）对设备、管线涂装前，表面处理必须达到规定的除锈标准，同时金属表面要有一定的粗糙度。钢材表面处理后应立即对其采取保护措施。

2.2 设备、阀门、法兰、管线表面处理

（1）首先对设备、阀门、法兰和管线进行脱漆处理，然后采用喷砂除锈工艺，彻底除去锈蚀层。

（2）除锈后，用干净的压缩空气吹扫表面，经检验合格后，在8h内进行喷涂处理。

2.3 涂料选择

2.3.1 选用钢结构氟碳漆

钢结构氟碳漆的特点：

（1）具有超耐候性、防腐蚀性、强自洁性。

（2）具有强附着性、高装饰性，防水、防霉、耐酸、耐碱。

（3）具有良好的柔韧性、抗划伤性和耐洗刷性。

（4）具有优异的耐褪色、不开裂、耐粉化及耐磨损性能。

2.3.2 配套涂料

底漆选用环氧铁红防锈底漆，环氧铁红防锈底漆具有优异的耐腐蚀防锈性能，耐酸、耐碱、耐盐雾、耐油，附着力强。

2.3.3 中间漆选用环氧云铁中间漆

环氧云铁中间漆的特点：

（1）具有优异的封闭性能，能有效地阻止水汽透过漆膜。

（2）具有良好的抗冲击性、柔韧性和耐水性。

（3）与多种类型涂料(环氧型、聚氨酯型、氯化橡胶型、醇酸型、酚醛型)及氟碳漆的层间附着力大，配套性强。

2.4 涂色规定

站场管线、设备涂色按《油气田地面管线和设备涂色规范》(SY/T 0043—2006)标准执行。

2.4.1 地面管线表面涂色规定

地面管线表面涂色应符合表4-2-3的规定。其中，放空管线、排污管线与管道设备的分界点严格按照设计图纸界定。

表4-2-3 地面管线表面涂色规定

管线名称	颜色	备注
天然气管线	中黄	
氮气管线	淡棕	包括不燃气体管线
二氧化碳管线	海灰	
安全放空管线	大红	
水管线	艳绿	包括给水、循环冷却水、饮用水管线
消防水管线	大红	
润滑油管线	棕	

续表

管线名称	颜 色	备 注
排污管线	黑	
蒸汽、热水管线	银白	包括导热油等供热管线
消防蒸汽管线	大红	
氧气、压缩空气管线	天酞蓝	包括助燃气体管线
污水管线	紫棕	包括排水管线
消防泡沫液管线	大红	

2.4.2 容器和塔器表面涂色规定

容器和塔器表面涂色应符合表 4 - 2 - 4 的规定。

表 4 - 2 - 4 容器和塔器表面涂色规定

容器名称	颜 色	备 注
润滑油罐	棕	
天然气凝液罐	银白	
燃料气罐	银白	
压缩空气罐	天酞蓝	
氮气罐	淡棕	
水罐	艳绿	包括污水过滤罐、消防水罐
消防泡沫液罐	大红	
排污罐	海灰	
塔器	银白	

2.4.3 其他机械、设备表面涂色规定

其他机械、设备表面涂色应符合表 4 - 2 - 5 的规定。

表 4 - 2 - 5 其他机械、设备表面涂色规定

机械、设备名称	颜 色	备 注
分离器、冷换设备	银白	
收发球筒	银白	
过滤器	中灰/油、艳绿/水、中黄/气	
加热炉、锅炉	银白	
机泵	海灰或艳绿	也可保持出厂色
电气、仪表设备	海灰或艳绿	也可保持出厂色
消防设备	大红	
安全阀	大红	
其他阀门	中灰色	

2.4.4 构架、平台、梯子表面涂色规定

构架、平台、梯子表面涂色应符合表4-2-6的规定。

表4-2-6 构架、平台、梯子表面涂色规定

名 称	颜 色	备 注
管道支吊架、平台、梯子、铺板、构架、电缆桥架	中灰或蓝灰	同一区域应保持一致
梯子第一级和最后一级踏步前沿	淡黄	
防护栏杆、扶手	淡黄	

2.4.5 入地管线地面以上部分表面涂色规定

站场所有入地管线地面以上150mm表面刷黑漆。

2.4.6 涂装配套方案

(1)氟碳色漆(除银白色之外所有颜色)配套方案,应符合表4-2-7规定。

表4-2-7 氟碳色漆涂装配套方案

序 号	步 骤	光 泽	名 称	道 数	厚度/μm
1	底漆		环氧铁红防锈底漆	2*	≥40
2	中涂漆		环氧云铁防锈漆	4**	≥80
3	面漆	高光	氟碳色漆	2	≥50

注:* 道数2道指湿膜为2道,即喷枪一来一回为2道。

** 道数4道指湿膜碰湿膜为2道,等漆膜表干后,再进行湿膜碰湿膜2道,共计4道。

(2)仿金属氟碳漆(对应设计颜色为银白色)配套方案,符合表4-2-8规定。

表4-2-8 仿金属氟碳漆涂装配套方案

序 号	步 骤	光 泽	名 称	道 数	厚度/μm
1	底漆		环氧铁红防锈底漆	2*	≥40
2	中涂漆		环氧云铁防锈漆	4**	≥80
3	面漆		仿金属氟碳漆	2	≥35
4	罩光清漆	高光	氟碳清漆	2	≥35

注:* 道数2道指湿膜碰湿膜为2道,即喷枪一来一回为2道。

** 道数4道指湿膜碰湿膜为2道,等漆膜表干后,再进行湿膜碰湿膜2道,共计4道。

模块三　基础管理标准化管理

基础管理标准化，旨在贯彻公司标准化建设方案，促进基层站场基础管理工作标准化，提升公司及基层站场标准化管理水平。通过规范基础工作、基本素质和基础资料，实现管理提升。

项目一　基础工作标准化管理

1　项目简介

基础工作标准化主要包括作业计划管理及相关工作标准，是提升公司现代化管理水平的重要途径，规范公司经营、生产中的各项管理，保证各项工作得到有序管理，提高效率。

2　标准化内容及标准

2.1　作业计划管理

按照检维修作业工作量编制年度作业计划，再细分成月度作业计划，按具体情况上报周作业计划，将各项工作均匀至各月，做到科学施工，避免工作疏漏，降低管理难度。制定紧急作业、异常作业维护维修程序。

2.1.1　年度作业计划

结合设备设施运行情况、例行维护安排以及新建项目、高危作业等，报送对进出气以及储气库运行有重大影响的作业计划。通过线上形式报送下一年度检维修作业计划，经审核通过后，统筹合理安排年度作业计划。

2.1.2　月度作业计划

月度作业计划应在年度作业计划基础上进一步细化作业安排，明确作业时间和范围，确保重要作业全覆盖。经审核通过后，统筹合理安排月度作业计划。

2.1.3　周作业计划

按规定时间报送下周检维修作业计划及上周作业计划完成情况。作业计划应包括准确作业时间、作业影响等安排。经审核通过后，统筹反馈至各部门、站场执行。

2.1.4　紧急(异常)作业计划

紧急(异常)作业须报送书面申请，说明未纳入计划性作业的原因，并提交紧急(临时)作业申请。对不可控因素影响，突发情况下的应急处理和故障抢修，按照储气库异常管理办法执行。

2.2　作业过程管理

作业过程分为作业申请、作业执行、作业关闭三个阶段。除了上级有明确规定的作业及由公司审批的作业方案，其余作业均由各站场负责作业申请，在作业执行阶段，按照作业票及检维修票执行，站场负责人指定具体人员负责作业关闭。

3 相关工作标准

3.1 工艺管理工作标准

(1)按公司生产运行计划,组织生产运行。

(2)监督生产运行按计划执行,并及时查找偏离计划原因。

(3)审核生产信息,能够及时发现生产中存在的问题。

(4)对重要生产信息编制报表,并报送有关部门。

(5)及时、准确上传下达各种生产指令和信息。

(6)及时解决生产问题,协调内、外部关系,充分利用各种资源为生产服务。

(7)执行公司有关安全工作标准、HSE管理规范,保证安全生产。

(8)掌握公司生产运行情况,合理编制各项方案,并确保可行性。

3.2 调控管理工作标准

(1)按公司生产运行计划,将生产运行过程中节点压力、温度、流量控制在合理范围内,对集输管网异常波动做到早发现、早处置、早汇报。

(2)组织站场按日指定计划开展注(采)气生产,协调上、下游资源相应调整,确保集输管网运行平稳。

(3)调度电话无漏听,确保信息传达的及时性、准确性。

(4)及时、详细记录公司领导指示、生产指令、故障处理等生产过程信息。

(5)及时审核生产数据,及时编制报表,并按要求报送。

(6)掌握集输管网运行状态、生产运行情况,及时提供给领导决策需求的生产信息。

(7)对待解决的问题,要及时联系有关单位和人员解决,并做好跟踪。

3.3 计量管理工作标准

(1)负责日常的计量管理工作。负责建立计量仪表台账,掌握各站场计量器具的种类、数量、精度、检定情况等,使每台仪表均处于可控状态。

(2)关注各计量支路的计量数据,发现异常现象,及时查明异常发生的原因,给出处理意见,并及时上报。

(3)对公司计量、调压设备进行检维修管理,确保集输管网及站场的计量调压系统运行状态和能力满足需求。

(4)负责超声流量计、流量计算机和在线色谱分析仪的检定,组织开展流量计拆卸、送检等工作。

(5)组织开展计量技术培训(包括人员取证),确保计量交接依法合规。

3.4 设备管理工作标准

(1)负责公司设备综合管理以及生产设备设施管理,确保站场设备安全运行。

(2)通过定期通球扫线,确保注气管网高效运行。

(3)根据相关标准定期组织管道完整性评价,通过集输管网、设施的完整性管理,确保管道、集输设施的安全运行。

(4)做好公司新建、改建、扩建项目中设备的规划和选型、技术协议签订、调试、投运和验收等全过程管理工作。

(5)积极组织开展设备春检、秋检和日常检查维护工作,严控设备完好率在指标要求以内。

（6）通过站场标准化制度的建立及考核、评比、交流，提高公司站场管理水平。

3.5 自控通信管理工作标准

（1）做好公司新建、改建、扩建项目中的自控设备的规划和选型、技术协议签订、调试、投运和验收等全过程管理工作。

（2）做好公司自控设备及 DCS 系统备品备件的需求计划制定并组织实施，同时做好备品备件登记建档以及库存管理等工作。

（3）做好所辖区内的更新改造和大修理项目中相关自动化工程施工质量的监督、检查工作。

（4）抓好外委单位的监督管理和考核评价工作，提升维护质量，确保系统运行平稳安全。

（5）积极组织开展 DCS 系统春检、秋检和日常检查维护工作，严控自动化设备完好率在指标要求以内。

（6）确保自动化管理各类技术资料台账规范完整，及时更新、归档各种资料。

项目二　基本素质标准化管理

1　项目简介

岗位说明书，是公司期望员工做些什么、规定员工应该做些什么、应该怎么做和在什么样的情况下履行什么职责的总汇。它定义了岗位工作的性质、任务、责任、环境、处理方法及对岗位工作人员的资格条件的要求，为将组织的目标落实在岗位提供了明确的标准与基础。

2　岗位素质要求和标准

2.1　储气库经理岗

2.1.1　岗位设置目的

根据生产经营目标，组织开展本单位生产运行、经营管理、HSE 管理等工作，协助本单位党支部书记开展精神文明建设和思想政治工作，提高队伍凝聚力，确保生产经营任务的完成，确保安全生产无事故。

2.1.2　任职条件

（1）专业学历：取得大学本科及以上学历。

（2）资质证书：取得中级及以上任职资格、HSE 证、安全管理资格证。

（3）知识技能：熟练掌握设备管理及气田开发相关知识；熟练掌握天然气安全生产规定、计量管理规定；掌握气井钻井、作业相关知识；具有守法合规意识、风险意识、体系思维、领导引领力、风险管理能力和应急管理能力。

（4）工作经验：从事管理工作 5 年以上，具有任低一级职务 2 年及以上工作经验。

（5）个性特质：身体健康，无影响本岗位工作的生理及心理疾病，能承担本岗位所要求的脑力及体力劳动，适应现场工作。

2.1.3　岗位职责

（1）日常运行管理。落实上级会议指示精神，执行公司各项规章制度，安排各项生产计划；组织安排储气库日常生产运行，按照每日生产计划组织完成生产；组织召开基层单位领导班子会，研究解决生产经营管理中的有关事宜；与其他单位沟通，协调处理相关工作事宜。

(2)经营管理。配合协商、谈判制定储气库年度运行管理技术服务合同；制定储气库年度运行大表，完成技术服务合同内容；落实安全技术措施费用、劳动保护费用、防暑降温费用的专项开支情况；控制好成本支出，做好增产增效工作。

(3)人力资源管理。安排单位人力资源调配和人员调整；组织开展单位员工素质与能力提升等培训工作；开展单位员工全员绩效考核工作，指导员工薪酬发放工作；协助党支部书记抓好员工思想政治、精神文明建设工作，保持队伍稳定。

(4)设备管理。抓好生产设备、自控设备、消防设备、井控设备、安全控保设备等的维护管理工作；组织对设备运行情况进行分析、总结。

(5)HSE管理。拟订年度 HSE 工作计划，定期组织 HSE 检查、考核，及时整改、反馈各级检查中查出的问题，督促解决生产中的安全、环保和职业健康问题；落实对属地内承包商的安全管理，严格执行特殊作业许可制度，落实直接作业安全管理规定十条措施和违章行为判定标准；履行关键装置要害部位安全承包职责，定期对承包点进行检查，及时处理存在的问题；接受 HSE 培训考核，组织开展本单位安全教育及各项安全活动；严格落实安全、内控、合规管理要求。

2.2　储气库党支部书记岗

2.2.1　岗位设置目的

在公司党委的领导下，贯彻执行上级决策部署，抓好党支部全面工作，组织开展党建思想政治工作，充分发挥党员先锋模范作用和党支部战斗堡垒作用，为生产经营建设和员工队伍建设打好坚实基础。

2.2.2　任职条件

(1)专业学历：取得大学本科及以上学历。

(2)资质证书：取得中级及以上任职资格、HSE 证、安全管理资格证。

(3)知识技能：精通法律法规、党的规章制度、党务管理、时事政治等知识，拥有较高的心理学、组织行为学等知识；具有守法合规意识、风险意识、体系思维、领导引领力、风险管理能力和应急管理能力等。

(4)工作经验：具有从事相关工作 5 年及以上工作经验。

(5)个性特质：具备良好的身体素质，能够适应室内工作环境，无重大疾病隐患，四肢健全、视力良好。

2.2.3　岗位职责

(1)日常运行管理。宣传贯彻落实上级党委的路线、方针、政策、指示精神；开展职工思想教育活动，协助行政领导抓好生产经营管理工作；制订工会、共青团、女工工作的总体计划并具体实施；抓好信访、综合治理、计划生育工作；组织开展多种形式的劳动竞赛、岗位练兵等活动。

(2)体系建设。抓好党建工作，开展日常思想政治工作，做好党支部工作的部署、安排与考核；组织开展党员发展工作及党员责任目标管理工作；组织开展精神文明建设工作，负责提出总体规划、制订年度计划并组织实施；组织开展党员干部的教育、培养和管理工作；组织开展员工队伍建设、制订培训计划、监督员工素质提升活动等具体工作。

(3)廉政建设。开展单位党风廉政建设年度工作计划的制订工作；组织班子党风廉政建设责任制制定及落实工作；开展领导干部、员工两级廉洁从业教育；组织落实"三重一大"，严格执行民主集中制；组织基层党支部廉政建设的检查验收工作；组织区务公开工作。

（4）生产经营管理。协助开展单位气井产量工作；协助完成年度经营利润指标，控制生产成本；协助经理组织制定全员绩效考核制度、全员技能素质提升工作；协助开展单位年度节能降耗工作、信息化工作和"三基"工作。

（5）HSE 管理。执行国家、地方政府 HSE 法律法规和各级 HSE 相关规章制度，监督落实本单位安全职责；拟订年度 HSE 工作计划，定期组织 HSE 检查、考核，及时整改、反馈各级检查中查出的问题，督促解决生产中的安全、环保和职业健康问题；落实对属地内承包商的安全管理，严格执行特殊作业许可制度，落实直接作业安全管理规定十条措施和违章行为判定标准；履行关键装置要害部位安全承包职责，定期对承包点进行检查，及时处理存在的问题；接受 HSE 培训考核，组织开展本单位安全教育及各项安全活动；严格落实安全、内控、合规管理要求。

2.3　储气库副经理岗

2.3.1　岗位设置目的

根据单位的生产任务指标，协助经理组织单位的日常运行管理；制订、完善有关规章制度，并落实到位；制订生产日常工艺设备检维修计划并组织实施；组织、协调、指挥生产；组织事故（件）初期应急处置，确保生产安全高效运行。

2.3.2　任职条件

（1）专业学历：取得大学本科及以上学历。

（2）资质证书：取得中级及以上任职资格、HSE 证、硫化氢防护技术合格证、安全管理资格证。

（3）知识技能：熟练掌握气田开发相关知识；熟练掌握天然气安全生产规定、计量管理规定；掌握气井钻井、作业相关知识；具有经营管理人员的守法合规意识、风险意识、体系思维、领导引领力、风险管理能力和应急管理能力等。

（4）工作经验：具有从事管理工作 2 年及以上工作经验。

（5）个性特质：身体健康，无影响本岗位工作的生理及心理疾病，能承担本岗位工作所要求的脑力及体力劳动，适应现场工作。

2.3.3　岗位职责

（1）生产制度管理。制定各项生产管理制度；宣传贯彻落实单位生产管理制度，抽检考核生产管理制度；评价年度生产管理制度的合理性和科学性。

（2）日常运行管理。制订生产日常运行计划，按计划完成注采运行任务；组织周生产例会及每天生产例会；协调生产施工各项工作运行，处理现场突发事件；监督外部承包商的生产运行。

（3）生产成本管理。编制年度生产成本运行计划，审核月度生产成本计划；组织 HSE 专项成本管理运行；配合经理控制全单位生产成本；审核油料、电费、材料费成本运行计划；组织各类控本措施的运行，广泛开展降本增效措施。

（4）计量管理。制定计量运行管理办法并考核落实；组织相关人员对计量数据进行分析；制定油水分离、计量及油水拉运管理制度；掌握计量仪表运行状态，确定计量仪表检定周期。

（5）设备管理。编制、审核年度设备管理计划，审查月度设备运行保养计划；落实月度设备运行工作，督查日常设备调整工作；组织机动设备的周、旬、月度检查；组织机动设备的年度审查，组织设备运行年度评审工作；组织压力容器的维护、保养、复检工作。

（6）HSE 管理。编制年度 HSE 管理计划，审核月度 HSE 工作计划；督查现场 HSE 工作，督促 HSE 管理日常工作运行，评价单位 HSE 工作；严格落实安全、内控、合规管理要求。

2.4　储气库地质技术岗

2.4.1　岗位设置目的

根据储气库的各项管理制度，做好储气库运行中的动态分析，分析储气库注采过程中出现的各类气藏井控问题，并提出解决及控制措施，完善气井资料录取制度，建立健全资料台账等，确保储气库正常运行。

2.4.2　任职条件

（1）专业学历：取得大专及以上学历。

（2）资质证书：取得初级及以上任职资格、HSE 证。

（3）知识技能：具备地质专业技能，熟悉储气库注采运行模式，有一定的口语表达能力和文字写作能力，能熟练操作计算机等；具有专业 HSE 管理能力和风险辨识与评估、风险管控、隐患排查治理能力、应急处置能力。

（4）工作经验：具有从事相关专业技术工作 2 年及以上工作经验。

（5）个性特质：身体健康，无影响本岗位工作的生理及心理疾病，能承担本岗位工作所要求的脑力及体力劳动，适应现场工作。

2.4.3　岗位职责

（1）气井资料管理。完善气井资料录取制度，建立健全资料台账；核实气井资料，组织审核、上报地质资料。

（2）区块动态分析。执行气井调峰工作；组织气井及开发区块日常动态变化分析；制定气井相应调整措施，开展储气库开发技术指标分析评价；组织实施气藏动态监测工作。

（3）地质专业培训。开展生产需要的有针对性的培训，培训日常地质技术；编写年度地质培训计划及实施方案。

（4）HSE 管理。组织 HSE 政策宣贯工作；录取现场安全资料，提出地质方案实施的 HSE 工作要求；严格落实安全、内控、合规管理要求。

2.5　储气库信息技术岗

2.5.1　岗位设置目的

依据国家技术法规、规范等标准化要求，并根据储气库各项管理制度，维护信息系统的正常录取，确保数据上传及时、准确。

2.5.2　任职条件

（1）专业学历：取得中专及以上学历。

（2）资质证书：取得本专业初级及以上任职资格、HSE 证。

（3）知识技能：具有电脑相关专业能力；有一定的口语表达能力和文字写作能力，能熟练操作计算机，具备信息网络知识；具有专业 HSE 管理能力和风险辨识与评估、风险管控、隐患排查治理能力和应急处置能力等。

(4)工作经验：具有从事本专业技术工作或相关专业技术 2 年及以上工作经验。

(5)个性特质：身体健康，无影响本岗位工作的生理及心理疾病，能承担本岗位工作所要求的脑力及体力劳动，适应现场工作。

2.5.3　岗位职责

(1)信息设备管理。管理与维护计算机、网络设备，调配单位网络资源；维护各站场视频监控设备，维护各站场 UPS 备用电源设备；制订各站场陈旧设备的更换计划；管理与调配单位各站场信息工作所用设备。

(2)信息资料录取管理。填写上报数据全准率指标完成情况表，上报视频运行情况统计表；录取上报 UPS 运行情况统计表；录取上报计算机 MAC 地址和使用人变更统计表；录取上报计算机信息统计表；录取上报工控机信息统计表。

(3)信息技术培训。制订单位信息化年度培训计划，组织开展单位信息技术培训；考核单位员工的信息化培训结果，引进、推广与培训单位生产相关的信息化新技术。

(4)HSE 管理。制定本岗位 HSE 管理制度，建立健全本岗位 HSE 管理台账；组织开展本岗位的风险危害识别，制定规避措施；检查、考核本岗位 HSE 管理制度执行情况；严格落实安全、内控、合规管理要求。

2.6　储气库计量技术岗

2.6.1　岗位设置目的

依据国家技术法规、规范等标准化要求，并根据储气库各项管理制度，制订组织落实计量器具送检运行计划，完善仪表定期检定工作，组织现场计量设备改造、计量运行管理工作，进行本单位计量输差的排查工作，确保各项计量数据准确。

2.6.2　任职条件

(1)专业学历：取得大专及以上学历。

(2)资质证书：取得本专业初级及以上任职资格、HSE 证。

(3)知识技能：具有计量专业能力；有一定的口语表达能力和文字写作能力，能熟练操作计算机，具备计量管理专业技能；具有专业 HSE 管理能力和风险辨识与评估、风险管控、隐患排查治理能力和应急处置能力。

(4)工作经验：具有从事相关专业 2 年及以上工作经验。

(5)个性特质：身体健康，无影响本岗位工作的生理及心理疾病，能承担本岗位工作所要求的脑力及体力劳动，适应现场工作。

2.6.3　岗位职责

(1)计量管理。完成计量器具的定期送检及校准、总结工作；组织本单位计量输差的排查工作，并核对月报、日报和早报的正确性；组织日常监督检查班组及个人对计量仪器仪表的维护、保养工作；组织落实经营承包商相关指标完成及气量计算程序的正常使用工作；组织现场计量器具的调校工作；组织计量的培训及技术攻关工作；上报计量用备品备件。

(2)HSE 管理。完成分管设备的安全运行工作；组织计量单位、机柜间等 HSE 工作；组织制定先进设备计量安全技术措施、计量安全技术操作规程的工作；组织计量安全防护工作；严格落实安全、内控、合规管理要求。

2.7 储气库工程技术岗

2.7.1 岗位设置目的

依据国家技术法规、规范等标准化要求，并根据储气库各项管理制度，编制、修改本单位各岗位技术操作规程，解决生产中的技术难题，制订生产日常运行计划并组织实施，组织、协调、指挥生产，组织现场工艺流程改造。制定、完善有关规章制度，并落实到位，确保完成生产任务指标。

2.7.2 任职条件

（1）专业学历：取得大专及以上学历。

（2）资质证书：取得本专业初级及以上任职资格、HSE 证。

（3）知识技能：有一定的口语表达能力和文字写作能力，能熟练操作计算机，具备工程基础管理及气井作业管理的能力；具有专业 HSE 管理能力和风险辨识与评估、风险管控、隐患排查治理能力和应急处置能力。

（4）工作经验：具有从事本专业技术工作或相关专业技术 2 年及以上工作经验。

（5）个性特质：身体健康，无影响本岗位工作的生理及心理疾病，能承担本岗位工作所要求的脑力及体力劳动，适应现场工作。

2.7.3 岗位职责

（1）采气工程技术管理。组织注采工艺设备日常维护工作；组织注采工艺设备隐患自查自改工作；制定异常井管理措施及开展工作；分析注采工艺设备状况，协调制定生产工艺措施，解决生产中的技术难题；组织站场、井场突发事件应急处置；建立和完善地面工艺管网工艺流程。

（2）工艺技术基础管理。开展注采工程技术革新和技术改造工作；收集整理工艺技术资料，编制工艺技术、生产设备台账；组织编制、修改和审定本单位各岗位技术操作规程，检查规程、标准的执行情况；开展工艺技术培训和考核工作；检查现场，及时整改事故隐患，制止违章作业，参加与生产事故相关的事故调查分析。

（3）HSE 管理。编制、修改和审定井控资料、台账；提出工程方案实施的 HSE 工作要求；严格落实安全、内控、合规管理要求。

2.8 储气库设备管理岗

2.8.1 岗位设置目的

依据国家技术法规、规范等规定，并根据储气库各项制度和指令，编制、修改本单位各岗位技术操作规程，协助领导做好设备的运行、管理、保养、维修及例行检查等，保证本单位机动设备的完好运转，确保生产工作的顺利开展。

2.8.2 任职条件

（1）专业学历：取得大专及以上学历。

（2）资质证书：取得本专业初级及以上任职资格、HSE 证。

（3）知识技能：有一定的口语表达能力和文字写作能力，能熟练操作计算机，具备工程基础管理及设备运维管理的能力；具有专业 HSE 管理能力和风险辨识与评估、风险管控、隐患排查治理能力和应急处置能力。

（4）工作经验：具有从事本专业技术工作或相关专业技术 2 年及以上工作经验。

（5）个性特质：身体健康，无影响本岗位工作的生理及心理疾病，能承担本岗位工作所要求的脑力及体力劳动，适应现场工作。

2.8.3　岗位职责

（1）设备运维管理。组织机动设备的日常运行管理及运行过程中的故障处理；拟订机动设备的管理制度、计划，并及时组织完成各类保养任务；执行上级有关机动设备管理规定和标准；组织机动设备管理的安装、试运、更新、改造、验收等日常管理工作，不断提高设备管理水平；协助有关人员对机动设备事故进行调查处理；提取设备油样、水样，进行送检，更换不合格油品，分析油水化验报告中的设备状况和可能存在的隐患；记录各项资料数据，并对保养情况进行总结。

（2）设备检查、评比管理。对每一台设备进行定期或不定期检查，对检查出的问题通报相应责任人并督促整改；对检查情况提出奖惩措施；检查、整改问题，保证设备的完好率。

（3）设备专业培训管理。承担相关业务的职工培训及技术攻关工作；编写年度设备培训计划及实施方案，开展生产需要的有针对性的培训。

（4）设备基础资料管理。维护管理设备管理系统；建立健全各项设备资料、台账。

（5）HSE 管理。参加 HSE 培训活动，提出设备方案实施的 HSE 工作要求；严格落实安全、内控、合规管理要求。

2.9　储气库安全工程师岗

2.9.1　岗位设置目的

依据国家颁布的安全法律、法规，以及企业安全规章、安全操作规程、特种设备管理等法律、法规并根据储气库各项安全管理制度，参与编制安全生产管理规定和技术操作规程，参与防护器具管理、应急管理及各项安全管理资料的完善等工作，对本单位的承包商、直接作业环节及非常规作业进行监管。

2.9.2　任职条件

（1）专业学历：取得大专及以上学历。

（2）资质证书：取得本专业初级及以上任职资格、HSE 证。

（3）知识技能：有一定的口语表达能力和文字写作能力，能熟练操作计算机，具备工程基础管理及气井作业管理的能力；具有专业 HSE 管理能力和风险辨识与评估、风险管控、隐患排查治理能力和应急处置能力。

（4）工作经验：具有从事本专业技术工作或相关专业技术 2 年及以上工作经验。

（5）个性特质：身体健康，无影响本岗位工作的生理及心理疾病，能承担本岗位工作所要求的脑力及体力劳动，适应现场工作。

2.9.3　岗位职责

（1）安全监督管理。参与 HSE 检查，督促落实隐患治理，实现闭环管理；配合项目经理落实分包安全管理人员到位情况，以及监督各项安全措施的落实；进行现场的定期督查，发现问题及时纠正；安全制度、应急处置的管理；参与制定安全生产规章制度、安全技术操作规程和作业规程；履行职责，定期开展本单位的安全检查，及时督促整改、反馈各级安全检查问题；编制本单位的年度 HSE 工作计划，接受 HSE 培训考核，取得对应要求的资质证书；制定重大危险源检测、评估、监控措施和应急救援处置方案；参与制(修)订本单位应急处置方案，熟悉在应急处置方案中的职责并定期参加演练。

(2)HSE 管理。监督本单位安全生产制度的落实，参与对单位员工的安全教育及新入、转岗人员的安全培训，推广 HSE 工作先进经验；宣传贯彻上级有关 HSE 管理方面的法律、法规和标准；参加 HSE 的定期检查，主持周一安全生产例会，传达上级 HSE 文件精神；组织单位员工对安全知识、事故案例、安全简报的学习；学习上级和本单位通报的安全生产事故事件，清楚事故教训和相应防范措施；深入生产现场，进行 HSE 督查，纠正、制止违法、违章行为，发现事故隐患及时处理并上报单位领导；严格落实安全、内控、合规管理要求。

2.10 储气库井控技术岗

2.10.1 岗位设置目的

依据国家技术法规、规范等标准化要求，并根据储气库各项管理规定，建立和完善地面管网工艺流程、生产设备资料台账，及时编制、修订本单位各岗位技术操作规程，确保井控管理到位。

2.10.2 任职条件

(1)专业学历：取得大专及以上学历。

(2)资质证书：取得本专业初级及以上任职资格、HSE 证。

(3)知识技能：有一定的口语表达能力和文字写作能力，能熟练操作计算机，具备工程基础管理及气井作业管理的能力；具有专业 HSE 管理能力和风险辨识与评估、风险管控、隐患排查治理能力和应急处置能力。

(4)工作经验：具有从事本专业技术工作或相关专业技术 2 年及以上工作经验。

(5)个性特质：身体健康，无影响本岗位工作的生理及心理疾病，能承担本岗位工作所要求的脑力及体力劳动，适应现场工作。

2.10.3 岗位职责

(1)采气工程技术管理。组织气井日常维护工作，开展气井隐患自查自改日常工作；制定异常井管理措施及开展工作；分析气井工况，协调制定生产工艺措施，解决生产中的技术难题；组织集注站场突发事件应急处置；建立和完善地面集气管网工艺流程。

(2)气井作业运行管理。组织协调气井作业上修，实施气井作业现场监督；组织气井作业现场协调，开展气井作业开工及质量验收；制作气井作业预算，参与油井作业结算。

(3)工艺技术基础管理。开展采气工程技术革新和技术改造工作；收集整理工艺技术资料，编制工艺技术、生产设备台账；组织编制、修改和审定本单位各岗位技术操作规程，检查规程、标准的执行情况。

(4)HSE 管理。组织编制、修改和审定井控资料、台账；组织 HSE 政策宣贯工作，提出工程方案实施的 HSE 工作要求；严格落实安全、内控、合规管理要求。

2.11 储气库安全资料岗

2.11.1 岗位设置目的

依据国家颁布的安全法律、法规，以及企业安全规章、安全操作规程、特种设备管理等法律、法规，结合储气库相关安全制度和规定，建立健全本单位各类安全资料台账，收集、整理安全资料，做好 HSE 管理相关资料的填写和整理，确保各项资料准确、齐全。

2.11.2 任职条件

(1)专业学历：取得大专及以上学历。

（2）资质证书：取得本专业初级及以上任职资格、HSE 证。

（3）知识技能：有一定的口语表达能力和文字写作能力，能熟练操作计算机，具备工程基础管理及气井作业管理的能力；具有专业 HSE 管理能力及风险辨识与评估、风险管控、隐患排查治理能力和应急处置能力。

（4）工作经验：具有从事本专业技术工作或相关专业技术 2 年及以上工作经验。

（5）个性特质：身体健康，无影响本岗位工作的生理及心理疾病，能承担本岗位工作所要求的脑力及体力劳动，适应现场工作。

2.11.3　岗位职责

（1）安全基础管理。建立健全本单位各类安全资料台账；送检校验本单位安全设备，保障有效运行；参与本单位应急预案的修订，并定期参加演练；参加安全检查，进行生产现场 HSE 检查，发现事故隐患及时处理并上报有关领导；执行国家 HSE 法律法规和各级 HSE 相关规章制度，监督落实本单位安全职责。

（2）职业健康管理。制定并实施本单位劳动保护和职业健康安全生产的制度措施；监督检查生产场所劳动防护用品穿戴；协助上级部门开展职业健康安全检查；组织岗位员工定期参加职业卫生健康教育培训。

（3）HSE 管理。接受 HSE 培训考核，取得有关规定要求的资质证书；参加 HSE 活动以及安全经验分享、应急预案演练等活动；严格落实安全、内控、合规管理要求。

2.12　储气库经营管理岗

2.12.1　岗位设置目的

根据公司经营管理要求，确保各班组经营核算、考核等工作的顺利开展，确保经营核算的预算符合率，完成年度经营成本计划。

2.12.2　任职条件

（1）专业学历：取得大专及以上学历。

（2）资质证书：取得本专业初级及以上任职资格、HSE 证。

（3）知识技能：具有合同管理、经营核算相关知识及能力；具有专业 HSE 管理能力及风险辨识与评估、风险管控、隐患排查治理能力和应急处置能力。

（4）工作经验：具有从事相关专业 2 年及以上工作经验。

（5）个性特质：身体健康，无影响本岗位工作的生理及心理疾病，能承担本岗位工作所要求的脑力及体力劳动，适应现场工作。

2.12.3　岗位职责

（1）经营核算管理。协助经理抓好本单位成本核算管理工作，负责组织制定内部经营管理办法，加强内部管理；指导各班组开展经营核算管理工作；汇总、审核和上报经营管理计划。

（2）资金预算管理。组织各班组人员编制年度、月度资金预算，并监督执行。

（3）合同管理。组织编制、审核本单位月度合同计划，并上报。

（4）经营核算协调。负责与上级相关部门协调经营核算方面的工作。

（5）HSE 管理。参加 HSE 活动以及安全经验分享、应急预案演练等活动；严格落实安全、内控、合规管理要求。

2.13　储气库材料核算岗

2.13.1　岗位设置目的

根据储气库各项管理制度，做好所需材料计划上报和物资的验收、发放工作，以及成本分析、修旧利废总结上报和库房安全管理等工作，确保完成生产任务指标。

2.13.2　任职条件

（1）专业学历：取得大专及以上学历。

（2）资质证书：取得本专业初级及以上任职资格、HSE 证。

（3）知识技能：有一定的口语表达能力和文字写作能力，能熟练操作计算机，具有物资供应管理方面的基础知识及能力，具有风险管控、隐患排查治理能力和应急处置能力。

（4）工作经验：具有从事相关专业技术 2 年及以上工作经验。

（5）个性特质：身体健康，无影响本岗位工作的生理及心理疾病，能承担本岗位工作所要求的脑力及体力劳动，适应现场工作。

2.13.3　岗位职责

（1）物资供应管理。根据物资需求计划及时落实货源、评估缺货风险，反馈不能按期到货的物资信息；分析年度、月度材料消耗预算；掌握关键装置、重要设备的货源进度；协调现场设备安装调试的物资，确保生产正常运行；做好预算、计划管理，收集基层班组年度、月度、临时物资需求计划；根据消耗规律及生产经营实际，编制年度、月度材料消耗预算；根据材料消耗预算及生产经营实际，编制年度、月度、临时物资需求计划。

（2）物资验收管理。根据物资需求计划和到货单据验收到货物资的数量、规格型号、外观质量及相关质量证明文件；记录物资质量问题，及时反馈给有关部门，并进行退货、换货或索赔等处理。

（3）物资发放管理。根据生产经营需要，做好班组所需物资的发放工作；根据成本动态系统要求，做好物资消耗点的登记工作；跟踪发放物资的使用情况，及时反馈异常情况；记录使用过程中发现质量问题的物资，及时反馈给相关部门进行处理。

（4）材料保管及库房管理。保管、保养生产准备用料；掌握生产准备用料的使用动态，对不能及时利用的生产准备用料进行调剂使用；控制生产准备用料规模和掌握物资有效使用期限，对异常情况及时进行处置。

（5）交旧领新（修旧利废）管理。根据物资交旧相关规定，做好废旧物资的回收、保管、上交工作；对有重复利用价值的废旧物资，组织做好修复利用工作。

（6）物资报表、台账管理。做好各种单据、资料的档案化管理工作，编制、上报有关物资管理统计报表；做好物资预算、计划管理、物资发放、废旧物资回收等台账。

（7）HSE 管理。参加 HSE 活动，以及安全经验分享、应急预案演练等活动；严格落实安全、内控、合规管理要求。

2.14　储气库人力资源管理岗

2.14.1　岗位设置目的

根据储气库人力资源管理各项制度，做好人事管理基础工作，建立健全员工基本信息、劳动出勤、请销假、人员增减、工资（奖金）及其他资料，做到有据可查；组织、建立、实施员工培训计划，检查验证培训效果，确保人力资源管理工作正常运行。

2.14.2　任职条件

(1)专业学历：取得大专及以上学历。

(2)资质证书：取得本专业初级及以上任职资格、HSE证。

(3)知识技能：有一定的口语表达能力和文字写作能力，能熟练操作计算机，具有人力资源管理相关知识及能力；具有守法合规意识和风险管控、应急处置能力。

(4)工作经验：具有从事相关专业技术2年及以上工作经验。

(5)个性特质：身体健康，无影响本岗位工作的生理及心理疾病，能承担本岗位工作所要求的脑力及体力劳动，适应现场工作。

2.14.3　岗位职责

(1)员工管理。收集统计员工信息并上报；组织员工签订劳动合同，办理员工调动手续；收集、整理员工退养资料并上报。

(2)劳动组织管理。编制"三定"方案，组织劳动定额应用及修订工作；测算班组用工总量，落实班组及岗位定员。

(3)薪酬管理。记录员工考勤，做好考勤登记台账；监督、审核并进行员工请销假手续的办理；制定员工绩效考核办法，协助领导做好奖金分配工作；协助领导组织年底对本单位员工进行年度绩效考核。

(4)员工培训管理。制订年度培训计划，收集、汇总全年的培训资料；落实培训计划，组织开展员工日常培训；组织开展新分配员工教育，制定培训方案、上报审核，按计划进行培训；收集、上报高技能人才等拔尖人才评审、申报材料；组织技能认定报名、考前培训等工作。

(5)HSE管理。参加HSE活动，以及安全经验分享、应急预案演练等活动；严格落实安全、内控、合规管理要求。

2.15　储气库政工管理岗

2.15.1　岗位设置目的

根据党的规章制度、储气库党委年度工作要点，协助党支部书记做好党支部各项工作，协助书记搞好精神文明建设工作、思想政治工作及宣传、维稳工作。

2.15.2　任职条件

(1)专业学历：取得大专及以上学历。

(2)资质证书：取得本专业初级及以上任职资格、HSE证。

(3)知识技能：有一定的口语表达能力和文字写作能力，能熟练操作计算机，具备一定的公文写作能力和管理员工队伍经验，具有守法合规意识和风险管控、应急处置能力。

(4)工作经验：具有从事本专业技术或相关专业技术2年及以上工作经验。

(5)个性特质：身体健康，无影响本岗位工作的生理及心理疾病，能承担本岗位工作所要求的脑力及体力劳动，适应现场工作。

2.15.3　岗位职责

(1)思想政治工作与精神文明建设。宣传贯彻落实上级指示精神，组织领导干部中心组学习及员工政治学习；深入做好思想政治工作及文化建设方面信息的收集、整理反馈工作；组织有关人员开展思想政治工作探讨和研究，总结推广先进经验；起草半年及年度思想政治工作总结；消除不稳定因素(如邪教、黄毒赌)，减少越级上访事件发生；建立健全资料台账，迎接精神文明检查；开展宣传工作及舆情监督工作，执行本单位企业文化的宣传推广任务。

（2）党建、组织管理。传达贯彻落实党的方针、政策，督促检查支部贯彻落实情况；抓好入党积极分子的培养、发展工作，开展预备党员的教育、考察和转正工作；协调党员教育培训，开展民主评议、党费收缴工作；负责党员动态信息管理和党籍管理；开展党建工作检查、考核及评比，进行党内创先争优及评比表彰工作；协助党支部书记组织开展民主生活会。

（3）党风廉政建设及效能监察。监督检查党风廉政建设的路线、方针、政策贯彻执行情况；负责本单位廉洁风险防控预警系统工作；受理班组和个人的检举控告申诉，配合调查干部、职工的违规、违纪问题和案件；配合、组织开展党员干部进行党风党纪学习教育；开展效能监察、业务公开和业务监督工作。

（4）工会管理、民主管理。配合党支部书记开展职工代表的选举工作，做好职工代表提案征集处理工作；组织劳动竞赛活动，开展单位政务公开工作；加强群众安全监督员管理机制，落实相关责任制度；配合做好学习型班组考核工作、各班组"工人先锋号"创建考核工作；健全女工组织建设，积极维护女工权益；开展丰富的文化娱乐活动，保管好工会资产；调查摸底困难职工，配合做好帮扶慰问、普惠服务工作。

（5）HSE 管理。参加 HSE 活动，以及安全经验分享、应急预案演练等活动；严格落实安全、内控、合规管理要求。

2.16 储气库综合管理岗

2.16.1 岗位设置目的

根据储气库相关管理制度，管理日常后勤工作，对清洁人员的工作进行指导考核，协助领导修订、完善后勤管理规章制度，收集仓库管理工作资料，进行库存清查盘点工作，保障材料齐整。

2.16.2 任职条件

（1）专业学历：取得大专及以上学历。

（2）资质证书：取得本专业初级及以上任职资格、HSE 证。

（3）知识技能：有一定的口语表达能力和文字写作能力，能熟练操作计算机；具有守法合规意识和风险管控、应急处置能力。

（4）工作经验：具有从事本专业技术或相关专业技术 2 年及以上工作经验。

（5）个性特质：身体健康，无影响本岗位工作的生理及心理疾病，能承担本岗位工作所要求的脑力及体力劳动，适应现场工作。

2.16.3 岗位职责

（1）后勤管理。协助上级进行日常行政后勤工作的组织与管理；维护办公楼、综合楼环境卫生，指导考核清洁人员的工作；管理办公室、会议室设施设备，检查外来人员，接待外部来宾。

（2）劳保用品、工器具管理。统计各办公室班站年度、月度劳保用品需求数量；根据生产经营消耗规律，制订年度、月度用品计划；根据计划需求验收到货数量、外观质量及相关证明；发现质量问题及时反馈给上级部门进行退货、换货、索赔处理；做好用品、工器具的验收及质量跟踪记录。

（3）HSE 管理。参加 HSE 活动，以及安全经验分享、应急预案演练等活动；严格落实安全、内控、合规管理要求。

2.17 储气库生产协调岗

2.17.1 岗位设置目的

根据储气库各项管理规定、制度，做好 HSE 风险评价，科学合理安排好工作；按事故应急预案，分析、判断、处理各类突发事故；组织员工按"十字"作业法，保养、维修本班设备，保证设备正常运行；搞好班组核算，分析到位，确保班组成本不超。

2.17.2 任职条件

（1）专业学历：取得大专及以上学历。

（2）资质证书：取得相关专业初级及以上任职资格、HSE 证。

（3）知识技能：接受过本岗位相关知识基础性培训；具有本岗位"五懂五会五能"能力。

（4）工作经验：具有从事本专业技术或相关专业技术 2 年及以上工作经验。

（5）个性特质：身体健康，无影响本岗位工作的生理及心理疾病，能承担本岗位工作所要求的脑力及体力劳动，适应现场工作。

2.17.3 岗位职责

（1）日常运行管理。制订班组培训学习计划，开展班组业务理论学习、HSE 安全学习；落实岗位责任制，组织好班组标准化工作和开展班组考核；做好车辆驾驶员日常运行排班，考核送班车辆；检查送班车辆车况，按期对各送班车辆进行年审和保养；开展采气新工艺、新技术、新设备的现场应用；制定成本管理制度、挖潜增效措施，开展修旧利废工作。

（2）设备管理。检查泵、压缩机、脱水橇及采气工艺设备安全设施的完好性、可靠性；保养润滑泵、压缩机、脱水橇及采气工艺设备；拆卸、送检安全控保装置、压力表、流量计等仪表装置，做好安全保障；开展井场和集注站标准化管理工作，定期组织对压力容器、管道进行检定；检查各设备的使用记录台账。

（3）操作规程管理。审核确认采气维修操作规程的可行性；制（修）订注水泵、压缩机、脱水橇等设备维修操作规程；制（修）订采气井管网维修操作规程；制（修）订采气树、工艺流程维修保养操作规程。

（4）HSE 管理。组织开展班组安全活动，定期组织事故应急演练活动；组织开展作业前危害识别和风险消减措施，落实员工安全防护工作；严格落实安全、内控、合规管理要求。

2.18 储气库生产调度岗

2.18.1 岗位设置目的

根据储气库各项管理规定、制度，掌握全单位生产动态，上传下达有关生产指令、信息，收集、掌握用气变化规律，指挥、协调全单位日常生产运行。处理生产中出现的各类突发性的生产事件，确保项目平稳运行。

2.18.2 任职条件

（1）专业学历：取得大专及以上学历。

（2）资质证书：取得初级及以上任职资格、HSE 证。

（3）知识技能：熟悉现场生产工艺、设备流程、气井情况，具有良好的组织协调能力及沟通能力；能够处理好上下级关系；具有守法合规意识和风险管控能力。

（4）工作经验：具有从事本专业技术或相关专业技术2年及以上工作经验。

（5）个性特质：身体健康，无影响本岗位工作的生理及心理疾病，能承担本岗位工作所要求的脑力及体力劳动，适应现场工作。

2.18.3 岗位职责

（1）日常运行管理。根据调度指令做好产量调配工作，协调各部门开展工作；传达最新工作任务安排，向各班组传达上级通知和指示精神；根据污油生产计划，联系污油拉运工作；做好油、水的计量交接工作和气量配产计划；配合治安保卫中心，协调处理现场工农关系；组织协调会，协调检查各班组对会议安排任务执行情况；汇报主要生产情况及施工进度，并做好记录。

（2）HSE管理。参加各项HSE活动，做好本岗位安全生产工作、职业卫生工作；开展环保检查工作、生产质量监督检查工作；严格落实安全、内控、合规管理要求。

2.19 储气库压缩操作岗

2.19.1 岗位设置目的

根据上级下达的生产任务，进行压缩机操作，对本站场的安全环保工作负责，参与事故（件）初期应急处置，并定期维护、保养设备，完成资料录取工作，确保生产安全运行。

2.19.2 任职条件

（1）专业学历：取得技校（高中）及以上学历。

（2）资质证书：取得输气初级及以上技能等级证、HSE证、计量员证等。

（3）知识技能：掌握全站工艺流程和参数，了解全站各岗操作规程，具备较为丰富的各类设备故障判断、修理等能力，具有"五懂五会五能"能力。

（4）工作经验：经过培训，实习半年以上，取得初级工等级证书。

（5）个性特质：具有良好的身体素质，能够适应野外工作环境，无重大疾病隐患，吃苦耐劳，身体健康，四肢健全。

2.19.3 岗位职责

（1）日常运行管理。落实、执行各项规定和规章制度；做好生产装置、工艺设备、压力容器的安全运行；清楚生产流程，能够准确调倒流程，保证安全生产；更新、完善各项资料，认真录取运转数据，按时上报报表、统计资料；调整设备运行参数，保证设备安全平稳有效运行；进行生产区域的巡回检查，做好巡回检查记录；对润滑油、水进行跟踪检查；做好设备日常巡回检查，对班组及个人在设备维护、保养、使用过程中存在的不良现象，有权提出批评及处罚建议；参与班站的降本增效与修旧利费等工作。

（2）设备维护保养。维护保养增压设备、设施；进行日常设备检查，并做好记录；定期进行隐患排查活动，分析设备运行状态，发现处理设备隐患。

（3）环保管理。参加本单位的环境保护宣传教育工作，督促职工自觉做好环境保护工作；熟练掌握本岗位的环保控制指标和操作规程；熟悉本岗位环保应急预案，并积极参加演练；确保本岗位的环保设施正常平稳运行、排放合格；负责查找跑冒滴漏情况，禁止乱排乱放；严格执行密闭采样、雨污分流、固废分类合规存放等环保要求；积极提出环境保护合理化建议。

(4)HSE 管理。参加班站 HSE 活动，以及安全经验分享、应急预案演练等活动；查找班站生产设备、生产现场的安全环保隐患，及时整改或上报；参与突发安全环保事件、异常情况的初期应急处置；严格落实安全、内控、合规管理要求。

2.20　储气库计量仪表岗

2.20.1　岗位设置目的

根据下达的生产任务指标，做好注采站日常注采计量管理，对本站的计量工作负责，并定期组织维护、保养计量设备，完成资料录取、整理汇总工作。

2.20.2　任职条件

(1)专业学历：取得技校(高中)及以上学历。

(2)资质证书：取得输气初级及以上技能等级证、HSE 证、计量员证等。

(3)知识技能：掌握全站工艺流程和参数，了解全站各岗操作规程，具备较为丰富的各类设备故障判断、修理等能力，具有"五懂五会五能"能力。

(4)工作经验：经过培训，实习半年以上，取得初级工等级证书。

(5)个性特质：具有良好的身体素质，能够适应野外工作环境，无重大疾病隐患，吃苦耐劳，身体健康，四肢健全。

2.20.3　岗位职责

(1)日常运行管理。负责完成站内计量器具的校准、总结；负责完成计量仪器仪表维护、保养及更换；组织本站计量输差的排查；完成本站计量输差校准工作；完成现场计量器具打铅封、贴封条的工作；组织本站职工计量培训工作；负责完成站内计量器具校准的资料记录工作；负责完成计量仪器仪表到期更换资料记录工作。

(2)HSE 管理。组织站内计量间、泵房等工作；组织站内计量安全防护工作；负责完成调配站内计量设备工作参数，提供准确计量数据；组织制定计量安全技术操作规程。

2.21　储气库电工维修岗

2.21.1　岗位设置目的

根据维修工作任务指标，做好注采站日常电工维修管理工作，对本站的电工维修工作负责，并定期组织维护、保养设备，完成资料录取、整理汇总工作。

2.21.2　任职条件

(1)专业学历：取得技校(高中)及以上学历。

(2)资质证书：取得电工初级及以上资格证书、HSE 合格证。

(3)知识技能：熟练掌握注采工职业技能操作知识及技能，具备较强的现场处理能力及组织协调能力。

(4)工作经验：经过培训，实习半年以上，取得初级工等级证书。

(5)个性特质：具有良好的身体素质，能够适应野外工作环境，无重大疾病隐患，吃苦耐劳，身体健康，四肢健全。

2.21.3　岗位职责

(1)日常运行管理。负责注气站照明、线路维修及故障处理工作；负责低压线路上各用电户的负荷测试、抄表及电量分析工作；负责各种电气设备的巡回检查及隐患处理工作；开展设备维护、保养、整改工作。

(2)HSE 管理。参与 HSE 相关教育培训，取得相应资格证书，持证上岗；参加班组内

HSE 活动及应急演练、应急处置等工作；负责完成电工班安全资料台账，及时准确、规范记录。

2.22 储气库自控管理岗

2.22.1 岗位设置目的

根据生产任务安排，做好自控设备及仪表维保方案、技术改造方案的编写、实施，以及现场自控设备及仪表的维护保养及故障处理等工作，确保自控设备及仪表正常运行。

2.22.2 任职条件

(1)专业学历：取得中专及以上学历。

(2)资质证书：取得仪表类或相关专业初级及以上任职资格、HSE 证。

(3)知识技能：掌握设备仪表自动化相关专业知识，熟练掌握办公软件，具有较强的交流、沟通能力，具备风险辨识和评估、风险管控、隐患排查治理能力与应急处置能力。

(4)工作经验：具有仪表类相关专业 2 年及以上工作经验。

(5)个性特质：具有良好的身体素质，能够适应一线站场工作环境，无重大疾病隐患，四肢健全，视力良好。

2.22.3 岗位职责

(1)日常运行管理。主持或参与编制自控仪表方面维保年度计划、维保方案、报告等；协助维保负责人做好设备自控仪表方面的日常巡检、例行保养、抢维修、改造等实施工作；参与新项目自控仪表的调试和维保工作；做好自控设备维修检测、故障诊断，以及研发和应用推广等工作。

(2)HSE 管理。参与本单位 HSE 活动，以及安全经验分享、应急预案演练等活动；参与排查治理本单位内部及现场作业过程中的安全环保隐患；严格落实安全、内控、合规管理要求。

2.23 储气库车辆管理岗

2.23.1 岗位设置目的

依据国家的交通法规和企业各项规章制度，并根据储气库各项车辆管理规定，及时调派车辆，确保车辆安全使用。

2.23.2 任职条件

(1)专业学历：取得高中(技校)及以上学历。

(2)资质证书：取得汽车驾驶员初级职业技能资格证、HSE 证。

(3)知识技能：熟悉了解驾驶技术及汽车驾驶的基本理论知识，以及汽车构造原理和性能；具备相关的维修技能，会排除基本故障；熟悉了解消防器材性能，掌握安全消防知识。

(4)工作经验：具有从事驾驶员岗或相关岗位 2 年及以上工作经验。

(5)个性特质：身体健康，无影响本岗位工作的生理及心理疾病，四肢健全，视力良好。

2.23.3 岗位职责

(1)车辆调度管理。负责提高服务质量，服从用车单位的安排，坚守岗位，随叫随到；保养所驾驶的车辆，保证车辆处于完好状态；按规定使用、保管好随车工具，做好巡回检查，保持车辆内外清洁；落实储气库"岗位安全职责"，完成车辆安全工作目标。

(2)HSE 管理。接受 HSE 培训，取得有关规定要求的资质证书；严格落实安全、内控、合规管理要求。

2.24　储气库维修化验管理岗

2.24.1　岗位设置目的

根据储气库各项相关管理制度、规定，按照生产要求及时进行维修作业。按规定清理作业现场，完成单位安排的各项管线施工任务，做到视图准确、下料精确，以及安全生产、文明生产。

2.24.2　任职条件

(1)专业学历：取得高中(技校)及以上学历。

(2)资质证书：取得采气或输气初级及以上技能等级证、HSE证。

(3)知识技能：接受过本岗位相关知识基础性培训。

(4)工作经验：具有从事相关工作1年及以上工作经验。

(5)个性特质：熟悉现场生产工艺、设备流程，具有良好的组织协调能力及沟通能力；具有守法合规意识、风险管控能力。

2.24.3　岗位职责

(1)检测化验仪器管理。坚持检测工作的公正性、科学性和准确性，保守客户机密；执行有关技术标准，按作业指导书进行检测操作；使用和维护仪器，做好使用和维护记录，做好样品使用管理；完成站上的检测任务，填写原始记录；参与编制作业指导书，根据本站的计划，做好比对验证等工作。

(2)HSE管理。参加班组安全活动，填写班组HSE记录，参加事故应急演练活动；严格落实安全、内控、合规管理要求。

2.25　储气库注采站站长岗

2.25.1　岗位设置目的

根据上级下达生产任务，做好站场日常运行管理。配合安全员做好本站场的安全环保工作，组织事故(件)初期应急处置，并定期组织维护、保养设备，完成资料录取、整理汇总工作，确保生产组织安全运行。

2.25.2　任职条件

(1)专业学历：取得大专及以上学历。

(2)资质证书：取得采气或输气初级及以上资格证书、HSE证。

(3)知识技能：熟悉采输气工艺流程专业知识，具有较好的协调沟通能力，符合本岗位"五懂五会五能"能力要求。

(4)工作经验：具有从事本岗位或相关岗位3年及以上工作经验。

(5)个性特质：身体健康，无影响本岗位工作的生理及心理疾病，能承担本岗位工作所要求的脑力及体力劳动，适应现场工作。

2.25.3　岗位职责

(1)日常运行管理。落实本站生产运行计划并组织班前讲话；组织落实所辖单位内设备设施的巡回检查、日常保养、维修整改、清洁卫生；审核各种设备运转、维护保养资料台账；配合专业技术人员、施工单位进行现场流程确认；组织本站员工进行流程恢复，并进行施工监护；审核上报资料和验收工作任务完成情况。

(2)技术革新与修旧利废。组织员工开展技术革新、小改小革活动及新技术的推广应用；组织员工优化生产活动，开展修旧利废活动。

（3）员工管理。进行本站员工日常考勤和绩效考核，组织本站员工开展岗位练兵和技能培训活动；了解本站员工的思想动态，协助开展员工思想政治教育工作。

（4）HSE管理。组织周一HSE活动、应急预案演练活动等，执行安全规章制度；查找生产设备、生产现场的不安全因素，整改并上报；组织员工发现事故隐患及时上报，并采取措施；组织员工检查维护消防设施、消防器材和防护用品；组织新员工开展现场安全教育；严格落实安全、内控、合规管理要求。

2.26　储气库注采站副站长岗

2.26.1　岗位设置目的

根据上级下达的生产任务，协助站长做好注采站日常运行管理，对本站分管的工作负责，组织事故（件）初期应急处置，并定期组织维护、保养设备，完成资料录取、整理汇总工作，确保生产安全运行。

2.26.2　任职条件

（1）专业学历：取得技校（高中）及以上学历。

（2）资质证书：取得采气或输气初级及以上职业技能等级证、HSE证。

（3）知识技能：熟练掌握采输气工职业技能操作知识及技能，具备较强的现场处理能力及组织协调能力；符合本岗位"五懂五会五能"能力及要求。

（4）工作经验：具有从事本岗位或相关岗位3年及以上工作经验。

（5）个性特质：具有良好的身体素质，能够适应野外工作环境，无重大疾病隐患，吃苦耐劳，身体健康，四肢健全。

2.26.3　岗位职责

（1）日常运行管理。及时、准确地向员工传达上级通知和指示精神；配合站长组织开展好岗位练兵活动；组织班组绩效考核工作；执行调度指令，按要求控制好各项生产参数；操作脱水撬、压缩机启停，并能维修保养；根据"十字"作业法，保养、维修井站设备、计量装置。

（2）HSE管理。配合站长做好HSE风险评估，科学合理安排好工作；杜绝违法乱纪现象，拒绝违章作业指令，杜绝违章指挥，制止员工违章作业行为；组织、分析、判断、处理各类突发事故；严格落实安全、内控、合规管理要求。

2.27　储气库注采大班岗

2.27.1　岗位设置目的

根据上级下达的生产任务指标，配合站长做好站场运行管理，配合站长组织事故（件）初期应急处置，并定期组织维护、保养设备，完成资料录取、整理汇总工作，确保生产组织安全运行。

2.27.2　任职条件

（1）专业学历：取得大专及以上学历。

（2）资质证书：取得采气或输气初级及以上技能证书、HSE证。

（3）知识技能：熟悉现场工艺流程、设备设施，具有良好的执行力和现场处理问题能力；符合本岗位"五懂五会五能"能力要求。

（4）工作经验：具有从事相关岗位2年及以上工作经验。

（5）个性特质：身体健康，无影响本岗位工作的生理及心理疾病，能承担本岗位工作所要求的脑力及体力劳动，适应现场工作。

2.27.3　岗位职责

（1）日常运行管理。根据上级工作安排，按要求控制调节好各项生产参数；配合站长做好井站规格化及基础工作；根据"十字"作业法，保养、维修本班设备，保证设备正常运行；参与开展技术革新、小改小革活动；参与本班修旧利废活动，减少不必要的生产环节；根据事故应急预案配合站长、小班处理各类突发事件；定期检查、保养本站消防器材。

（2）HSE 管理。参加班组安全活动和应急演练活动；严格落实安全、内控、合规管理要求。

2.28　储气库注采站中控操作岗

2.28.1　岗位设置目的

根据上级下达的指令和生产任务，配合站长做好站场运行管理，以及组织事故（件）初期应急处置，并定期组织维护、保养设备，完成资料录取、整理汇总工作，确保生产组织安全运行。

2.28.2　任职条件

（1）专业学历：取得大专及以上学历。

（2）资质证书：取得采气或输气初级及以上资格证书、HSE 证。

（3）知识技能：熟悉中控操作流程，掌握现场巡检路线，能够进行现场设备设施的日常维护；符合本岗位"五懂五会五能"能力要求。

（4）工作经验：具有采输气现场 1 年及以上工作经验。

（5）个性特质：身体健康，无影响本岗位工作的生理及心理疾病，能承担本岗位工作所要求的脑力及体力劳动，适应现场工作。

2.28.3　岗位职责

（1）气井日常管理。根据上级通知及时告知压缩机维保单位对压缩机进行开机、停机，根据生产需要配合站长正确倒换站内流程；录入注气井的注气压力、压缩机来气压力、注气量等参数；及时向相关站场传达气井开关井情况；上报并按要求处理上位机报警等异常情况；发现事故及时上报并采取措施，减少事故危害，保护好现场。

（2）设备设施的日常管理。负责站内设备设施的巡回检查、日常保养、清洁卫生；巡回检查施工现场、井场道路；填写设备运转、保养资料。

（3）HSE 管理。参加周一 HSE 活动及班前讲话、应急预案演练等活动；参与查找本班生产设备、生产现场的不安全因素，及时整改并上报；检查、维护、保养消防设施、消防器材和防护用品；严格落实安全、内控、合规管理要求。

2.29　储气库注采小班岗

2.29.1　岗位设置目的

根据上级下达的生产任务，配合站长做好站场运行管理，配合站长组织事故（件）初期应急处置，并定期组织维护、保养设备，完成资料录取、整理汇总工作，确保生产安全运行。

2.29.2　任职条件

（1）专业学历：取得大专及以上学历。

（2）资质证书：取得采气或输气初级及以上资格证书、HSE 证。

（3）知识技能：熟悉采气工艺流程，掌握采气工技能基础知识；符合本岗位"五懂五会五能"能力要求。

（4）工作经验：具有从事相关工作 1 年及以上经验。

（5）个性特质：身体健康，无影响本岗位工作的生理及心理疾病，能承担本岗位工作所要求的脑力及体力劳动，适应现场工作。

2.29.3　岗位职责

（1）气井日常管理。按上级通知及时告知压缩机维保单位对压缩机进行开机、停机，按生产需要配合站长正确倒换站内流程；录入注气井的注气压力、压缩机来气压力、注气量等参数；查找本班生产设备、生产现场的不安全因素，及时整改并上报；上报并按要求处理上位机报警等异常情况。

（2）设备设施日常管理。做好站内设备设施的巡回检查、日常保养、清洁卫生；巡回检查施工现场、井场道路；填写设备运转、保养资料。

（3）HSE 管理。参加周一 HSE 活动及应急预案演练等活动；发现事故及时上报并采取措施，减少事故危害，保护好现场；检查、维护、保养消防设施、消防器材和防护用品；严格落实安全、内控、合规管理要求。

2.30　储气库巡检班班长岗

2.30.1　岗位设置目的

根据储气库各项制度和指令，主持召开班组生产会议，传达上级领导工作指示，安排班组工作。合理安排班组人员岗位配置，及时处理各类突发事件。组织培训，保障项目生产运行。

2.30.2　任职条件

（1）专业学历：取得大专及以上学历。

（2）资质证书：取得采气或输气初级及以上资格证书、HSE 证。

（3）知识技能：接受本岗位相关知识基础性培训；符合本岗位"五懂五会五能"能力要求。

（4）工作经验：具有从事本岗位或相关岗位 2 年及以上工作经验。

（5）个性特质：身体健康，无影响本岗位工作的生理及心理疾病，能承担本岗位工作所要求的脑力及体力劳动，适应现场工作。

2.30.3　岗位职责

（1）日常运行管理。制订、落实周生产运行计划并组织班前讲话，安排当天工作；管理本站气井生产和组织气井井口规格化工作；组织查找本班生产设备、生产现场的不安全因素，及时组织整改并上报；组织本班员工检查、维护消防设施、消防器材和防护用品；组织所辖单位内设备设施的巡回检查、日常保养、维修整改、清洁卫生；审核各种设备运转、维护保养资料台账。

（2）HSE 管理。组织本班员工学习、执行安全规章制度，遵守安全操作规程；组织本班周一 HSE 活动和应急预案演练等活动；发现事故及时上报并采取措施，减少事故危害，保护好现场；组织新员工开展现场安全教育；严格落实安全、内控、合规管理要求。

（3）气井资料录取与审核。组织录取气井的油压、套压资料，组织录取气井地层水氯根资料；组织实施对气井油压、套压值的合理控制，汇报气井生产的异常数据。

（4）外部施工单位施工管理。组织气井作业现场交接，并签字确认；组织本班员工落实、上报作业井施工进度；配合新投井、作业井井口流程恢复；配合气井测试，并进行监护，监护动火施工。

（5）技术革新与修旧利废。组织本班员工开展技术革新、小改小革活动，组织本班员工开展新技术的推广应用；组织员工优化生产组织、提高劳动效率，组织本班员工开展修旧利废活动。

2.31 储气库井站巡护岗

2.31.1 岗位设置目的

根据储气库各项制度和指令，对气井进行巡回检查、日常保养、维修整改、卫生清洁，正确录取资料，填写设备运转、保养资料，保障生产运行。

2.31.2 任职条件

（1）专业学历：取得大专及以上学历。

（2）资质证书：取得采气或输气初级及以上资格证书、HSE证。

（3）知识技能：熟悉现场工艺流程、设备设施，熟悉巡线线路，掌握相关设备操作规范；符合本岗位"五懂五会五能"能力要求。

（4）工作经验：具有相关工作1年及以上工作经验。

（5）个性特质：身体健康，无影响本岗位工作的生理及心理疾病，能承担本岗位工作所要求的脑力及体力劳动，适应现场工作。

2.31.3 岗位职责

（1）气井日常管理。根据上级通知对气井进行开井、关井，按生产需要正确倒换站内流程；录取生产井的日产气量、日产水量、日产油量、油套压力；根据注气井的注气压力、压缩机来气压力、注气量、增气量判断是否正常；查找本班生产设备、生产现场的不安全因素，及时上报并整改；对气量异常波动情况分析原因，排除工艺因素（计量原因、流程原因）。

（2）设备设施日常管理。负责站内设备设施的巡回检查、日常保养、卫生清洁；巡回检查施工现场、井场道路；填写设备运转、保养资料。

（3）HSE管理。参加周一HSE活动及班前讲话、应急预案演练等活动；检查、维护、保养消防设施、消防器材和防护用品；严格落实安全、内控、合规管理要求。

2.32 储气库巡线班班长岗

2.32.1 岗位设置目的

根据储气库各项制度和指令，主持召开班组生产会议，传达上级领导工作指示，安排班组工作；及时处理各类突发事件；检查气井等资料的填写情况，保障生产正常运行。

2.32.2 任职条件

（1）专业学历：取得大专及以上学历。

（2）资质证书：取得油气管道保护工初级及以上资格证书、HSE证。

（3）知识技能：熟练掌握巡线工及管道保护工操作知识及技能，具备较强的现场处理能力及组织协调能力；符合本岗位"五懂五会五能"能力要求。

（4）工作经验：具有从事巡线工作1年及以上工作经验。

（5）个性特质：身体健康，无影响本岗位工作的生理及心理疾病，能承担本岗位工作所要求的脑力及体力劳动，适应现场工作。

2.32.3　岗位职责

（1）日常运行管理。组织本班员工熟悉、掌握天然气管道安全知识，学习并执行《石油天然气管道保护法》等法律、法规和规章制度；及时传达落实上级有关通知和指示精神，组织本班员工按要求完成上级下达的各项安全工作任务；处理巡护员汇报的问题，并及时向单位主管领导汇报巡线情况，分析巡线和输差问题，提出建议和措施；参加上级组织的清理违章占压综合治理行动，对上级批准的第三方施工实施现场监护；管理班组员工，进行日常培训、监督和检查；按照单位《阴极保护管理办法》的要求完成阴极保护管理工作。

（2）HSE 管理。组织本班周一 HSE 活动，开展应急预案演练等活动；发现事故及时上报并采取措施，减少事故危害，保护好现场；组织新员工进行现场安全教育；严格落实安全、内控、合规管理要求。

2.33　储气库巡线岗

2.33.1　岗位设置目的

根据储气库各项制度和指令，进行储气库管线巡查，管网防窃气、防腐蚀、防占压，井口防窃气、防井口设施破坏，以及管线施工改造监护。

2.33.2　任职条件

（1）专业学历：取得大专及以上学历。

（2）资质证书：取得油气管道保护工初级及以上资格证书、HSE 证。

（3）知识技能：熟练掌握巡线工及管道保护工操作知识及技能，具备较强的现场处理能力及组织协调能力；符合本岗位"五懂五会五能"能力要求。

（4）工作经验：具有相关工作 1 年及以上工作经验。

（5）个性特质：具有良好的身体素质，能够适应野外工作环境，无重大疾病隐患，吃苦耐劳，身体健康，四肢健全。

2.33.3　岗位职责

（1）日常运行管理。根据巡检路线，佩带工具进行巡线检查，记录管道上的安全环保情况，发现异常情况及时处理并汇报；对辖区内集输管线、单井管线、井站电缆等重要设施做到"定人、定时、定责"管理，加密巡检；负责管网及周边施工作业管理，做好施工现场安全监护；向管道沿线群众宣传油气管道的重要意义，教育群众遵守管道安全保护条例，开展反占压工作。

（2）突发事件处理。按事故应急预案，分析、判断、处理各类突发事件，并及时上报情况。

（3）HSE 管理。参加 HSE 教育培训及各类安全活动，接受 HSE 培训考核；严格落实安全、内控、合规管理要求。

项目三　基本资料标准化管理

1　项目简介

梳理各项工作所需要的资料，建立资料清单，规范资料的存档路径，确保各项工作开展的可追溯性。

2　标准化内容

（1）岗位工作记录以清单形式列出，清单内容包括资料所属专业、名称、存档方式、资料类型、更新周期、存档层级等。

（2）专业类别应与公司保持一致，专业包括 HSE 管理、调控运行、工艺、仪表自动化、通信、计量、能源、设备、电气、管道管理、消防、应急抢修等；当本岗位人员兼管多个专业时，应分开列明；储气库经理（副经理）、站场站长（副站长）以岗位名称呈现。

（3）存档方式包括电子版、纸质版、信息系统三种方式：纸质版文件按照《生产运行文件资料和标示管理要求》进行文件保存，电子版文件保存按照《基层站场电子版资料存放模板》执行，信息系统信息按照各信息系统上传要求进行上传保存。

（4）资料类型包括报表、报告、记录（表单记录和影像记录等）。

（5）更新周期应与周期性工作内容保持一致，包括每日、每周（两周）、每月、每季、每年以及不定期。

（6）存档级别分为自留存档和上报存档两种类型，自留存档即站场级，上报存档分为所属单位层级、公司层级、集团公司层级三种。凡岗位基础资料必须在站场留存备查，或者能够登录信息系统查阅，保存期限满足体系要求。

单元五　储气库综合管理

模块一　员工管理

项目一　员工持证上岗管理

1　项目简介

根据国家、集团公司和地方法律、法规及储气库持证上岗有关规定，把员工持证上岗作为强化人才培养、保证合法用工的有力手段，压实管理责任，提出明确要求，防范管理风险，实现本质安全。

2　证书分类

(1)职业资格证、职业技能等级证。

(2)安全生产知识和管理能力考核合格证。

(3)特种作业操作证。

(4)HSE 培训合格证。

(5)许可作业培训合格证(监护人、审批人、开票人)。

(6)井控培训合格证。

(7)硫化氢防护培训合格证。

(8)特种设备安全管理和作业人员证。

3　职责分工

"管业务也要管持证"，分层管理、分级负责，建立持证台账。

3.1　组织人事部门职责

(1)组织人事部门是培训工作归口管理部门。

(2)负责储气库培训管理工作，为各单位培训工作提供资源保证。

(3)负责职业资格证书和职业技能等级证书的取证及管理工作。

3.2　安全环保部门职责

(1)负责特种作业操作证、HSE 培训合格证、许可作业培训合格证(监护人、审批人、开票人)等持证标准的制(修)订。

(2)负责安全生产知识和管理能力考核合格证等与业务相关的取证及复审工作。

(3)负责监督、检查、指导各单位生产岗位员工取证和持证上岗。

3.3　技术管理部门职责

(1)负责井控培训合格证、硫化氢防护培训合格证等持证标准的制(修)订。

(2)负责井控培训合格证、硫化氢防护培训合格证的取证工作。

（3）负责监督、检查、指导各单位生产岗位员工取证和持证上岗。

3.4 设备管理部门职责

（1）负责特种设备安全管理和作业人员证等持证标准的制（修）订。

（2）负责特种设备安全管理和作业人员证的取证、复审工作。

（3）负责监督、检查、指导各单位生产岗位员工取证和持证上岗。

3.5 基层单位职责

（1）负责确保生产岗位员工持有效证件上岗，监督、检查本单位生产岗位人员依法合规操作。

（2）站场负责配合做好特种设备作业人员及特种作业操作识别，监督本站员工持有效证件上岗，合规操作。

4 取证管理

（1）根据岗位说明书进行员工岗位识别，确定本岗位从业人员持证要求。

（2）储气库各部门按职责分工对本部门负责的证书进行复审、取证报名、培训及考核的联系工作。

（3）各部门建立员工证书到期、待取等预警机制，及时组织员工取证和复审，确保员工持证率100%。

5 持证管理

（1）坚持先培训、后上岗，生产岗位员工须按岗位资质要求，参加培训，持证上岗。

（2）转岗及新录用人员，须按照上岗有关要求参加安全教育、岗位知识和技能培训，考核合格并取得相关资质证书后方能上岗。

（3）证件未按期复审或者复审不合格者，该证件自行失效，持证人不能持此证上岗。

（4）所属单位如违反上述规定，出现因无证上岗而导致的风险，责任由所属单位及具体指挥人员承担。

6 持证监督

（1）新员工上岗或老员工调整岗位前，未取得安全和特种作业相关证书的，不得安排从事相应岗位工作。

（2）未取得本岗位职业资格证书人员的，不得安排独立顶岗，可安排试岗，不得从事负有重大责任的工作。

（3）禁止无证上岗，发现特种作业人员无证上岗或证件过期未复审的，立即停止作业，责令离岗培训并取得相应资格证书或调整岗位。

（4）细化责任分工，明确专人负责持证管理，指定相关业务部门和专人负责持证上岗管理工作，形成各司其职、齐抓共管的工作格局。

项目二 员工培训需求分析

1 项目简介

为充分掌握员工培训需求，提升储气库员工综合素质和岗位胜任能力，规范、有效开展基本功训练，切实从源头提升培训的前瞻性、针对性和实效性，于每年年底开展员工培训需求调查工作。

2 调查内容

（1）员工安全技能、岗位能力等通用性培训需求。

（2）以地质工程、勘探开发、数模建模等一体化复合型"三支队伍"人才培训为目标的培训需求。

（3）人才储备及转岗培训需求。

（4）员工素质提升培训需求。

3 工作程序

3.1 培训需求调查

（1）培训主管部门牵头，各单位自下而上逐级开展调查。

（2）需求征集全员参与，从源头提升培训的针对性。

（3）以基层班组为单元，分岗调查组织并填写调查表。

（4）对调查情况逐级审核并编制本单位培训需求计划，对需要上级部门统一组织的各类需求，经单位主管领导审核后上报相关部门。

3.2 培训需求分析

（1）精细分析培训需求，提升年度培训计划的精准性。

（2）根据培训需求分析结果，确认员工现有能力与岗位要求的差距，制订储气库年度培训计划并实施。

（3）储气库各站场、班组按工作实际制订站场、班组培训计划并实施。

4 相关要求

（1）需求要结合"三基"工作要求，树立需求调查全员化的理念，确保调查范围全覆盖、无死角。要按照"干什么、学什么，缺什么、补什么"的原则，切实提升培训的实效性与针对性。

（2）做好培训需求分析，夯实员工能力基础，侧重提升创新能力，不断提升培训项目前瞻性。优化培训项目和资源，提升培训的精准性。

（3）对于转岗的员工和新入职的员工及时进行培训需求分析，纳入培训计划并组织实施。

项目三 员工培训计划管理

1 项目简介

为规范培训管理，使培训工作有序开展，根据培训需求分层分类、分岗位制订培训计划，应培尽培，满足岗位工作需求，提升员工岗位胜任能力。

2 培训计划内容

（1）培训需求分析。根据需求分析，确定需要培训的内容。

（2）工作岗位说明。根据岗位工作内容，确定培训项目。

（3）工作任务分析。明确具体岗位人员，对培训提出标准要求。

（4）培训内容排序。根据项目紧急性、重要性排序。

（5）描述培训目标。确定培训目标，保证培训有效性。

（6）设计培训内容。明确培训项目、内容、教师、教材。

（7）设计培训方法。选定时间段，集中培训，时间短，内容精。

（8）设计评估标准。培训前设计好标准，做好培训评估。

3 培训计划的执行

3.1 油田及以上级别培训计划

（1）各单位根据安全取证需求制订培训计划，安排员工参加上级专业部门组织的安全类证书复审、取证培训。

（2）其他专业性业务及岗位能力提升等综合性的培训，根据上级计划，安排相关岗位人员参加。

（3）单位指定部门或人员负责各项培训的报名及对接工作。

3.2 单位培训计划

（1）年度培训计划项目，由各组织单位根据培训计划安排，提前做好培训设计，明确培训目标、内容、对象、人数、时间等。

（2）不能如期进行的培训计划，及时进行变更管理。

（3）计划外的应急性项目培训，组织培训的部门先提出培训申请，经主管领导批准后，到培训主管部门备案，再按正常培训计划流程进行。

项目四　员工培训实施管理

1 项目简介

明确了各层级的培训实施管理程序和内容，为有组织、有计划、有目标的系统培养和训练活动提供了指导意见。

2 管理内容及要求

2.1 油田及以上级别培训实施

（1）安全类证书取证培训，执行上级安全部门培训计划安排，各单位按岗位需要安排人员参加。

（2）通用管理、技术类培训项目，按文件要求选派符合条件的人员参加，同时按规定履行培训手续，开具《培训介绍信》或《外送培训审批表》。

（3）建立健全各类培训档案、台账。

2.2 单位培训实施

2.2.1 年度计划培训实施

（1）业务部门按照培训计划于开班前15天提出具体办班意见，明确培训目标、内容、对象、人数、时间等。

（2）业务部门制定培训设计，经主管部门审核后，按要求做好师资、教材等准备工作。

（3）业务部门与主管部门联合下发办班通知，各单位按通知要求选派人员参加。

（4）培训时长0.5个工作日以上的培训要组织考核，可采取笔试、现场实操、现场答辩、总结等方式，评估员工是否掌握培训相关内容，能力是否得到提高。笔试和实操考核得分60分以上为合格，不合格的要进行补考。

（5）培训结束后按要求进行培训评估，包括培训效果评估和教师教学评估。

（6）培训结束后15日内，业务部门应将培训资料提交培训主管部门审核归档。

（7）建立健全培训档案和记录，如实记录培训的时间、内容、参加人员及考核结果等情况。

2.2.2 计划外培训项目实施

计划外的应急性项目培训，组织培训的部门提出培训申请，经主管领导批准后，到培训主管部门备案，按年度培训实施流程进行。

2.3 基层单位培训实施

(1)基层单位应建立常态化基本功训练工作机制，围绕岗位能力要求，开展技能操作和相关制度培训，并定期进行考核。

(2)基层班组按照"五懂五会五能"要求，集中培训时间每月不少于4h，其他培训不少于8h。

2.4 其他培训实施

(1)承包商人员入厂(场)前安全环保教育和验证式考核。

(2)组织新员工入厂、转岗、离岗一年及以上重新上岗人员培训。

(3)开展应急和消防培训，提升岗位员工事故应急处置、自救互救和紧急避险能力。

(4)对进入生产、关键装置、要害部位等场所的临时外来人员进行入场HSE教育，告知安全环保风险及管理要求。

(5)以上培训项目由业务主管部门或相关单位实施。

2.5 相关要求

(1)明确培训工作负责人。单位明确一名领导负责培训工作，配备兼职管理人员。单位培训工作接受上级和全体员工的监督。培训主管部门对单位培训开展情况进行督导、检查。

(2)做好培训效果评估。比对员工培训前后能力是否有提升，是否有助于岗位能力提升，教师的培训能力及课程与培训项目的符合程度等。

(3)做好员工培训登记。各单位对员工参加培训及考核情况进行登记管理，作为人员使用和奖惩的重要依据之一。员工因故未按规定参加培训或未达到培训要求的，应当及时补训。对无正当理由不参加培训的，给予批评直至组织处理。对参培期间违反有关规定和纪律的，视情节轻重，给予批评教育直至纪律处分。

项目五 员工师带徒管理

1 项目简介

师带徒是指具有精湛技艺、较深专业理论基础或具备一技之长、绝招绝活的人才，在生产岗位上以师徒关系的形式将其高超技艺、专业理论、优良职业道德作风等传授给青年员工的一种技能培训方式。实施师带徒制度，充分利用现有的人才资源，通过"传、帮、带"培养出一批优秀技能人才，带动储气库技能人才队伍整体素质的提高。

2 适用范围

本制度适用于储气库所有技能操作岗员工。

3 "师带徒"协议签订原则

(1)坚持工种对口原则。

(2)坚持理论与实践相结合的原则。

(3)坚持培养与考核评价相结合的原则。

4 师傅资格

（1）具有高级工及以上职业资格等级人员，主要培养初、中级技能人才，强化素质，提高操作能力。

（2）具有技师及以上职业资格等级人员，主要培养高级工及以上技术业务骨干，提高其独立工作能力。

（3）具有高级技师职业资格等级或具有一技之长的局级及以上技术能手人员，主要培养技师、高级技师等高技能型人才，提高其技术攻关能力。

5 协议签订

（1）师徒双方协商一致，坚持自愿、平等的原则。

（2）师徒协议期限一般为 1~3 年，新入职员工，根据情况随时签订。

（3）采取"一对一"或"一对多"的形式，各单位自行组织签订，签订后及时上报主管部门备案。

（4）《师徒协议书》应订立明确的目标，规定传授的具体内容，并尽可能制定量化指标，同时规定完成每一指标的具体要求与措施等。

（5）师徒双方根据协议书内容，认真履行师徒职责，按协议期限完成各项培训任务。保存好协议期间的教学计划、教案、影像资料、培训笔记等资料。

6 师徒职责

6.1 师傅职责

（1）按照"干什么、学什么，缺什么、补什么"的原则，制订出切实可行的传帮带计划和目标。

（2）对徒弟严格要求、严格训练，在日常工作中进行技能传授，与徒弟共同学习和运用新技术、新工艺，培养徒弟的创新意识，提高徒弟的创新能力，鼓励、支持徒弟的创新积极性。

（3）在传授技能的同时，经常性地与徒弟谈心，使徒弟在思想上有明显提高，作风上有较大转变。

（4）注重对徒弟进行安全生产经验的传授与引导。

6.2 徒弟职责

（1）尊重师傅，服从师傅的安排，刻苦钻研技术业务，潜心学习岗位技术。

（2）勤问、勤记、勤学，认真实践，做好学习笔记，真正做到技术上等级、思想有提高、作风有转变、安全无事故。

（3）虚心学习师傅的技术专长和绝招绝技，把所学知识运用到实际工作中。

7 质量管理

（1）协议期间，各单位要定期进行阶段性考核，检查培养效果，发现问题及时研究解决，确保协议认真履行，师徒圆满完成各项任务。

（2）协议期满后，由单位按照《师徒协议书》对师徒进行期终考核，经考核达到要求的，把考核结果作为奖励依据。

（3）经考核，徒弟达不到协议要求的，可适当延长协议期。两次考核仍达不到协议要求的，取消协议，不再延长。

8　监督考核

（1）主管部门每年要对各单位名师带徒工作进行监督和评估，实行目标管理，严格进行考核。

（2）高级工及以上资格的人员都有带徒弟的责任和义务。把每年《师徒协议书》的考核结果作为考核技师、高级技师等技能人才年度工作业绩的重要内容。

（3）各单位要定期考核，及时掌握和监督《师徒协议书》执行情况，做好阶段性总结，提出下阶段改进措施，保证名师带徒工作的正常运行。

（4）协议期间，因徒弟工作失误对单位造成损失的，解除师徒关系，并进行通报。

模块二　经营管理

项目一　成本管理

1　项目简介

明确储气库建设、运营过程中的成本构成，为企业内、外部相关利益者提供所需成本信息以供决策，并通过各种经济、技术和组织手段实现成本控制。

2　管理内容及要求

2.1　建设成本

包括钻井工程成本、注采气工程成本、老井封堵工程成本、地面工程成本、前期研究费用、垫底气成本、建设期利息等。

2.2　运营成本

2.2.1　折旧和摊销

储气库项目建成投入运营后，构成储气库项目的各个单体工程以其发生的投资额转入资产进行价值管理，按照资产属性分别提取折旧和摊销。

（1）折旧。转入固定资产项目采用年限平均法计提折旧。折旧年限根据资产性质、使用情况等因素确定。

（2）摊销。无形资产和其他资产按相关财务制度规定，以摊销形式回收。

2.2.2　财务费用

财务费用指项目所筹资金在运营期间发生的各项费用，包括利息和其他财务费用。

2.2.3　其他固定成本

指保持地下储气库安全正常运转状态，随时接受注采气指令快速生产的基本费用，包括维修维护费、检测费、土地租金、人工费、安全生产费和其他费等。

（1）维修维护费。包括储气库注采站、集配气管线、井场等全部生产环节各项设备设施巡查、维护、维修、保养费用。

（2）检测费。包括储气库注采井检测作业、储气库生产运行监测、动态资料录取及分析等费用，根据生产井数和单井费用定额进行估算。

（3）土地租金。储气库生产和管理部门租用土地的费用。

（4）人工费。指按照企业财务制度核定的储气库用工工资、奖金、津贴和补贴，按定员和工资及福利标准进行计算。

（5）安全生产费。指按照国家和企业有关规定，对在中华人民共和国境内直接从事勘探作业、危险品生产和存储、交通运输企业提取的费用。可选择参照管道运输企业按照营业收入的一定比例计算。

（6）其他费。包括储气库生产和管理人员办公费、车辆使用费、通信费、差旅培训费等，以及生产生活过程中的废弃物处理和专项应急演练等为生产提供保障服务的费用等。

2.2.4　注采成本

（1）材料费。注采气过程中直接消耗于气井、注气站及其他生产设施各种材料的费用，主要包括压缩机润滑油、三甘醇脱水装置补充溶液等。该项费用与生产井数有关，按生产井数和单井材料费进行估算。

（2）燃料费。指注采气过程直接消耗的各种燃料，主要为加热炉、三甘醇塔底再沸器消耗的燃料气。可选择按照储气库所发生的单位注气量燃料费进行估算，或者按照燃料消耗量和价格进行估算。

（3）动力费。主要指注采气过程中直接消耗的电费，依照配用功率的一定比例，根据实物量和单价进行估算，或者按照类似项目发生的单立方米气所需动力费平均值进行估算。

项目二　收入管理

1　项目简介

明确储气库运行收入构成及核算方式，优化资源配置，实现收益最大化。

2　管理内容及要求

储转费由容量费、注气费和采气费三部分组成，其中容量费为固定支付成本费用，注气费和采气费是直接生产作业过程中发生的费用。

$$年储转费收入 = 年容量费 + 年注气费 + 年采气费$$

（1）容量费指维持储气库基本运营所发生的固定费用。

$$年容量费 = 资产折旧和摊销 + 财务费用 + 其他固定成本$$

（2）注气费指直接注气过程中发生的变动成本，包括材料费、燃料费、动力费等。

$$年注气费 = \sum 单位注气成本 \times 注气量$$

（3）采气费指直接采气过程中发生的变动成本，包括材料费、燃料费、动力费等。

$$年采气费 = \sum 单位采气成本 \times 注气量$$

项目三　经营过程管理

1　项目简介

明确储气库经营过程中的管理重点，提升地下储气库使用效率、经营效益和管理效能，激活储气库商业价值。

2　管理内容及要求

（1）细化评价指标，落实管理责任。根据储气库生产经营的特点及成本消耗的节点，设置可理解、易操作、场景化的经济评价指标；按照责任与能力相匹配的原则，将经营指标落实到管理部门、基层单位。

（2）开展对标分析，找准差异原因。按照项目前期研究工作经济评价成果，结合建成投产后生产运营实际，开展运营期间对标工作，分解量变与价变因素，部门联动进行价格差异分析及工作量差异分析。

（3）实施效益评价，提升支撑能力。紧扣单位发展战略，结合国内外经济形势、产品价格、市场供需、金融汇率、财税政策等影响因素，围绕储气库建设开展效益评价与风险评估，分析增值的潜力点、效益的流失点，找准降低建库成本、规避管理风险、强化投资管控的有效途径，提高经营决策支撑与战略保障能力。

（4）强化资产管理，提高使用效益。从评价、设计、施工、运营、退出等各环节开展全生命周期资产管理，做实投资项目前期评价与后评价联动管理、投资项目经济评价与资产分类评价联动管理、前期设计审查与后期维保运行联动管理。加强质量管理与工程监督，延长资产生命周期，推动资产精益、集约、创效。

（5）依托信息系统，实现业财融合。厘清财务数据与生产数据的钩稽关系，实现业务量与价值量匹配；依托储气库数字化交付、生产指挥平台，实现智能化数字采集，应用大数据分析成果，挖掘增值作业、调整市场布局、配置优质市场，对储气库成本控制、储转费收入、经营销售提出建议，实现生产经营管理业财融合一体化。

（6）加大风险管控，依法合规经营。实现风险事前预警、自动识别、及时处置；明确责任主体，严肃责任落实，按照行为规范、问题类别、效益损失等情况，开展储气库公司经营风险分析，重点识别市场风险、融资风险、运营成本费用风险、合资风险和政策风险等，根据风险评价结果，采取控制与防范风险的措施。

附录 储气库运行管理学习导图

储气库运行管理学习导图见附表1。

附表1 储气库运行管理学习导图

岗位序列	工作职责	能力要求	学习内容模块		课件包序列
管理	1.1 负责日常生产运行管理工作	1.1.1 具备生产组织协调的能力	1.1.1.1	生产运行指挥系统工作职责	2-1-1
			1.1.1.2	生产调度指挥程序	2-1-1
			1.1.1.3	生产运行检查考核	2-1-1
			1.1.1.4	注气生产运行程序和管理	2-1-2
			1.1.1.5	采气生产运行程序和管理	2-1-3
		1.1.2 具备生产运行监管的能力	1.1.2.1	常规资料录取管理内容及要求	2-2-1
			1.1.2.2	工艺和设备变更管理内容及要求	2-2-2
			1.1.2.3	锁定和能量隔离管理内容及要求	2-2-3
			1.1.2.4	生产现场泄漏安全管理内容及要求	2-2-4
			1.1.2.5	生产异常安全管理内容及要求	2-2-5
			1.1.2.6	岗位交接班管理内容及要求	2-2-6
			1.1.2.7	生产现场巡回检查管理内容及要求	2-2-7
			1.1.2.8	无人值守管理内容及要求	2-2-8
		1.1.3 具备技术改进和规范设备管理的能力	1.1.3.1	机械设备前期管理内容及要求	2-3-1
			1.1.3.2	机械设备使用维护管理内容及要求	2-3-1
			1.1.3.3	机械设备检修管理内容及要求	2-3-1
			1.1.3.4	机械设备更新改造管理内容及要求	2-3-1
			1.1.3.5	机械设备资产管理内容及要求	2-3-1
			1.1.3.6	机械设备综合管理内容及要求	2-3-1
			1.1.3.7	计量设备设计选型及安装管理内容及要求	2-3-2
			1.1.3.8	计量设备资料及维护管理内容及要求	2-3-2
			1.1.3.9	自控设备、系统运行要求	2-3-3
			1.1.3.10	自控设备、系统变更管理	2-3-3
			1.1.3.11	自控设备、系统事故管理	2-3-3

续表

岗位序列	工作职责	能力要求	学习内容模块	课件包序列
管理	1.1 负责日常生产运行管理工作	1.1.3 具备技术改进和规范设备管理的能力	1.1.3.12 自控设备、系统资料管理	2—3—3
			1.1.3.13 通信系统运行维护管理	2—3—4
			1.1.3.14 通信系统软、硬件升级管理	2—3—4
			1.1.3.15 通信系统操作安全管理	2—3—4
			1.1.3.16 通信系统完好性管理	2—3—4
			1.1.3.17 电气设备基本要求及运行管理	2—3—5
			1.1.3.18 管道保护管理内容及要求	2—3—6
			1.1.3.19 维抢修设备管理内容及要求	2—3—7
			1.1.3.20 特种设备范围	2—3—8
			1.1.3.21 特征设备运行维护内容及要求	2—3—8
	1.2 负责日常HSE管理工作	1.2.1 具备现场安全生产标准化管理能力	1.2.1.1 储气库现场HSE标准化建设	3—1—1
			1.2.1.2 现场人员劳动组织管理要求	3—1—2
			1.2.1.3 基层HSE规章制度及组织机构建立要求	3—1—3
		1.2.2 具备承包商及作业HSE管理能力	1.2.2.1 作业许可管理要求	3—1—4
			1.2.2.2 承包商QHSE管理要求	3—1—5
			1.2.2.3 施工现场质量、安全、环保管理要求	3—1—5
		1.2.3 具备双重预防管控能力	1.2.3.1 储气库重点关注的安全环保风险	3—1—6
			1.2.3.2 风险辨识及风险管控程序	3—1—6
			1.2.3.3 隐患闭环管理要求	3—1—6
			1.2.3.4 双重预防机制建立标准	3—1—6
		1.2.4 具备应急基础管理能力	1.2.4.1 应急管理组织的建立及职责	3—2—1
			1.2.4.2 应急预案的编制、培训及持续改进	3—2—2
			1.2.4.3 应急资源的配备与有效维护	3—2—3
		1.2.5 具备现场突发事件应急处置能力	1.2.5.1 应急演练及突发事件应急处置能力要求	3—2—4
			1.2.5.2 突发事件应急处置程序及要求	3—2—4
	1.3 负责储气库标准化管理工作	1.3.1 具备实施视觉形象标准化建设的能力	1.3.1.1 视觉形象标准化管理内容	4—1~8
			1.3.1.2 视觉形象标准化规范要求	4—1~8
		1.3.2 具备实施设备标准化建设的能力	1.3.2.1 工艺设备标牌及编号标准化管理内容及要求	4—2—1
			1.3.2.2 仪表设备标牌及编号标准化管理内容及要求	4—2—2
			1.3.2.3 管线、设备涂色标准化管理内容及要求	4—2—3

岗位序列	工作职责	能力要求	学习内容模块		课件包序列
管理	1.3　负责储气库标准化管理工作	1.3.3　具备实施基础管理标准化提升的能力	1.3.3.1	基础工作标准化管理内容及要求	4-3-1
			1.3.3.2	基本素质标准化管理内容及要求	4-3-2
			1.3.3.3	基本资料标准化管理内容及要求	4-3-3
	1.4　负责储气库综合管理工作	1.4.1　具备岗位持证识别、取证协调能力	1.4.1.1	持证管理职责分工	5-1-1
			1.4.1.2	取证管理内容及要求	5-1-1
			1.4.1.3	持证管理内容及要求	5-1-1
			1.4.1.4	持证监督管理	5-1-1
		1.4.2　具备培训需求调查组织协调能力	1.4.2.1	了解培训需求调查目的	5-1-2
			1.4.2.2	培训需求调查内容	5-1-2
			1.4.2.3	培训需求调查工作程序	5-1-2
			1.4.2.4	培训需求调查相关要求	5-1-2
		1.4.3　具备培训计划管理专业知识和管理协调能力	1.4.3.1	员工培训计划管理目的	5-1-3
			1.4.3.2	培训计划应包括的内容	5-1-3
			1.4.3.3	培训计划执行程序	5-1-3
		1.4.4　具备培训实施组织、协调、管理能力	1.4.4.1	培训实施管理目的	5-1-4
			1.4.4.2	不同级别培训实施程序及要求	5-1-4
			1.4.4.3	培训实施相关要求	5-1-4
		1.4.5　具备师带徒制度制定、管理能力	1.4.5.1	师带徒活动的意义	5-1-5
			1.4.5.2	师带徒签订原则	5-1-5
			1.4.5.3	师傅资格	5-1-5
			1.4.5.4	协议签订内容及要求	5-1-5
			1.4.5.5	师徒职责	5-1-5
			1.4.5.6	质量管理与监督考核	5-1-5
		1.4.6　具备经营管理的能力	1.4.6.1	成本管理内容及要求	5-2-1
			1.4.6.2	收入管理内容及要求	5-2-2
			1.4.6.3	经营过程管理内容及要求	5-2-3

参考文献

[1]卢时林，陈显学．双 6 储气库建设与运行管理实践[M]．北京：石油工业出版社，2021.

[2]付锁堂，谭中国．陕 224 储气库建设与运行管理实践[M]．北京：石油工业出版社，2020.

[3]赵平起，刘存林．板南储气库群建设与运行管理实践[M]．北京：石油工业出版社，2021.

[4]熊建嘉，文明．相国寺储气库建设与运行管理实践[M]．北京：石油工业出版社，2020.

[5]张学鲁．呼图壁储气库建设与运行管理实践[M]．北京：石油工业出版社，2020.

[6]董范，熊腊生．苏桥储气库群建设与运行管理实践[M]．北京：石油工业出版社，2020.

[7]蒋华全．气藏型地下储气库运行管理指南[M]．北京：石油工业出版社，2022.

[8]马新华．中国天然气地下储气库[M]．北京：石油工业出版社，2019.

[9]蒋华全，杨颖．气藏型地下储气库运行管理指南[M]．北京：石油工业出版社，2023.

[10]杨钊，高涛．储气库综合评价与优化技术[M]．北京：中国石化出版社，2021.

[11]刘宝权．设备管理与维修[M]．北京：机械工业出版社，2012.

[12]郁君平．设备管理[M]．北京：机械工业出版社，2011.

[13]曹晓林．HSE 管理体系[M]．北京：石油工业出版社，2009.

[14]曹晓林．HSE 管理体系标准理解与实务[M]．北京：石油工业出版社，2009.